西安交通大学 本科"十二五"规划教材
"985"工程三期重点建设实验系列教材

# 热与流体实验教程

## （第2版）

王小丹 孟 婧 张 可 吴青平 唐上朝 编

U0290750

西安交通大学出版社
XI'AN JIAOTONG UNIVERSITY PRESS

# 内容提要

　　本书为西安交通大学本科"十二五"规划教材及"985"工程三期重点建设实验系列教材，是能源动力类专业基础课程《工程热力学》、《流体力学》及《传热学》的实验教材。

　　本书按照《工程热力学》、《流体力学》、《传热学》的顺序编排，包含了三门课程的 33 个演示及综合实验，共有工程热力学演示实验，工程热力学综合实验，流体力学实验设备、演示实验及综合实验，传热学实验测定的基本知识、演示实验及综合实验等 9 章内容。本书适合作为高等院校师生的实验和学习参考书，也可供能源动力类研究生、科研人员参考。

**图书在版编目（CIP）数据**

热与流体实验教程/王小丹等编.—2 版.—西安：
西安交通大学出版社,2017.8(2022.12 重印)
ISBN 978-7-5605-9712-6

Ⅰ.①热…　Ⅱ.①王…　Ⅲ.①热工学-实验
-高等学校-教材②流体力学-实验-高等学校-教材
Ⅳ.①TK122-33②035-33

中国版本图书馆 CIP 数据核字(2017)第 115129 号

| 策　　划 | 程光旭　成永红　徐忠锋 |
|---|---|

| 书　　名 | 热与流体实验教程（第 2 版） |
|---|---|
| 编　　者 | 王小丹　孟　婧　张　可　吴青平　唐上朝 |
| 责任编辑 | 田　华 |
| 出版发行 | 西安交通大学出版社 |
| | （西安市兴庆南路 1 号　邮政编码 710048） |
| 网　　址 | http://www.xjtupress.com |
| 电　　话 | （029）82668357　82667874（市场营销中心） |
| | （029）82668315（总编办） |
| 传　　真 | （029）82668280 |
| 印　　刷 | 西安日报社印务中心 |
| 开　　本 | 727mm×960mm　1/16　印张 12.625　字数 227 千字 |
| 版次印次 | 2017 年 8 月第 2 版　　2022 年 12 月第 7 次印刷 |
| 书　　号 | ISBN 978-7-5605-9712-6 |
| 定　　价 | 30.00 元 |

如发现印装质量问题，请与本社市场营销中心联系。
订购热线：(029)82665248　(029)82667874
投稿热线：(029)82664954　QQ:190293088
读者信箱：190293088@qq.com

# 编审委员会

# Preface 序

教育部《关于全面提高高等教育质量的若干意见》(教高〔2012〕4 号)第八条"强化实践育人环节"指出,要制定加强高校实践育人工作的办法。《意见》要求高校分类制订实践教学标准;增加实践教学比重,确保各类专业实践教学必要的学分(学时);组织编写一批优秀实验教材;重点建设一批国家级实验教学示范中心、国家大学生校外实践教育基地……。这一被我们习惯称之为"质量 30 条"的文件,"实践育人"被专门列了一条,意义深远。

目前,我国正处在努力建设人才资源强国的关键时期,高等学校更需具备战略性眼光,从造就强国之才的长远观点出发,重新审视实验教学的定位。事实上,经精心设计的实验教学更适合承担起培养多学科综合素质人才的重任,为培养复合型创新人才服务。

早在 1995 年,西安交通大学就率先提出创建基础教学实验中心的构想,通过实验中心的建立和完善,将基本知识、基本技能、实验能力训练融为一炉,实现教师资源、设备资源和管理人员一体化管理,突破以课程或专业设置实验室的传统管理模式,向根据学科群组建基础实验和跨学科专业基础实验大平台的模式转变。以此为起点,学校以高素质创新人才培养为核心,相继建成 8 个国家级、6 个省级实验教学示范中心和 16 个校级实验教学中心,形成了重点学科有布局的国家、省、校三级实验教学中心体系。2012 年 7 月,学校从"985 工程"三期重点建设经费中专门划拨经费资助立项系列实验教材,并纳入到"西安交通大学本科'十二五'规划教材"系列,反映了学校对实验教学的重视。从教材的立项到建设,教师们热情相当高,经过近一年的努力,这批教材已见端倪。

我很高兴地看到这次立项教材有几个优点:一是覆盖面较宽,能确实解决实验教学中的一些问题,系列实验教材涉及全校 12 个学院和一批重要的课程;二是质量有保证,90％的教材都是在多年使用的讲义的基础上编写而成的,教材的作者大多是具有丰富教学经验的一线教师,新教材贴近教学实际;三是按西安交大《2010版本科培养方案》编写,紧密结合学校当前教学方案,符合西安交大人才培养规格和学科特色。

最后,我要向这些作者表示感谢,对他们的奉献表示敬意,并期望这些书能受到学生欢迎,同时希望作者不断改版,形成精品,为中国的高等教育做出贡献。

西安交通大学教授

国家级教学名师

2013 年 6 月 1 日

# Foreword 前言

  本书为西安交通大学本科"十二五"规划教材及"985"工程三期重点建设实验系列教材。可作为能源与动力工程、人居环境与建筑工程、化学工程、力学等本科专业《工程热力学》、《流体力学》及《传热学》课程的实验教材,也可作为《热工基础》与《流体力学基础》课程配套实验的参考。

  本教材的特点是将能源动力类三大专业基础课程《工程热力学》、《流体力学》、《传热学》的相关实验及实验设备使用方法有机地融合为一体,充分依托三门专业基础课程的知识体系,吸取了以往及现有教材的优秀经验,按照《工程热力学》、《流体力学》、《传热学》的顺序编排,共描述了三门课程的 33 个演示及综合实验,对每个实验的基本理论、操作规程、实验报告要求进行了系统地阐述。为了提高学生操作设备的能力及动手能力,教材中还穿插介绍了实验中使用到的各种仪器设备及使用方法。此外,教材还提供了许多思考题,以利于学生进一步深入思考,掌握知识要点,对热与流体的重要理论形成更为深刻地认识和理解。

  全书共分为 9 章,全部由西安交通大学能源与动力工程学院具有丰富教学及实验教学经验的一线老师合作编著:其中 1,2,6,7,8,9 章由唐上朝、王小丹、孟婧、张可等编写;3,4,5 章由吴青平编写。

  本书的第二版是在何茂刚教授的悉心指导下进行修订完成的。书中一些实验是在其他教师设计搭建的基础实验台上发展及完善的,在此对李惠珍高工、罗来勤高工、赵小明教授、付秦生教授表示衷心感谢；成书过程中还受到陶文铨院士、何雅玲院士、李国君教授的热情帮助，在此，向各位老师表示深深地感谢；另外要特别感谢张获教授，她在百忙之中出任第一版的主编，为第二版的修订出版打下了坚实的基础。

编者虽然尽心竭力，力求体系完整、内容充实、阐述清晰、文字严谨简练，但限于水平和经验，加之时间仓促，书中难免存在缺点和错误，恳请读者批评指正。

# Contents 目录

## 第一部分　工程热力学实验

**第1章　工程热力学演示实验** ································· (002)

1.1　压力和温度 ······································· (002)

1.2　蒸汽动力循环 ····································· (003)

1.3　压缩蒸汽制冷循环 ································· (006)

**第2章　工程热力学综合实验** ························· (008)

2.1　乙烷临界状态观测及 $p-v-t$ 关系测定实验 ······· (008)

2.2　喷管实验 ········································· (016)

2.3　活塞式压气机热力过程实验 ························· (029)

## 第二部分　流体力学实验

**第3章　实验设备** ··································· (033)

3.1　压强测量 ········································· (033)

3.2　流量测量 ········································· (042)

3.3　流速测量 ········································· (048)

**第4章　流体力学演示实验** ························· (051)

4.1　静水压强演示实验 ································· (051)

4.2　流动显示水槽演示实验 ····························· (054)

4.3　雷诺实验 ········································· (056)

4.4　烟风洞演示实验 ·················································· (058)

4.5　粘性流体伯努利方程演示实验 ······························· (060)

4.6　动量定理演示实验 ·············································· (063)

4.7　水气比拟演示实验 ·············································· (065)

**第 5 章　流体力学综合实验** ········································· (067)

5.1　管路沿程阻力实验 ·············································· (067)

5.2　平板边界层内的流速分布实验 ································ (073)

5.3　流量计校正实验 ················································ (080)

5.4　局部阻力损失实验 ·············································· (085)

5.5　翼型升、阻力实验 ·············································· (089)

5.6　单级离心式水泵性能实验 ······································ (099)

# 第三部分　传热学实验

**第 6 章　传热学实验测定的基本知识** ······························ (105)

6.1　热负荷与温度的实验测定方法 ································ (105)

6.2　测定热负荷及温度的常用仪器仪表 ························· (111)

6.3　误差分析与实验数据整理 ······································ (118)

**第 7 章　传热学演示实验** ·········································· (123)

7.1　温度计套管材料对测温误差的影响 ························· (123)

7.2　扩展表面及紧凑式换热器 ······································ (125)

7.3　水平圆柱体四周空气自然对流换热的光学法演示 ········ (131)

7.4　流体横掠管束时流动现象的演示 ···························· (133)

7.5　温度测量演示系统 ·············································· (135)

7.6　大空间沸腾现象的演示 ········································· (136)

7.7　差分干涉仪光学演示实验 ······································ (138)

**第 8 章　传热学综合实验**······················(142)

　8.1　稳态平板法测定绝热材料导热系数实验 ·········(142)

　8.2　二维导热物体温度场的电模拟实验 ············(147)

　8.3　水平管外自然对流换热实验 ················(156)

　8.4　空气横掠单管强制对流换热实验 ·············(162)

　8.5　固体表面法线方向黑度测定实验 ·············(169)

　8.6　换热器综合实验 ·····················(175)

　8.7　角系数的几何法测量 ··················(181)

**第 9 章　《传热学》数值计算习题**···············(185)

**参考文献**··························(189)

# 第一部分　工程热力学实验

# 第1章　工程热力学演示实验

工程热力学的研究对象主要是能量转换,特别是热能转换成机械能的规律、方法和提高转换效率的途径。蒸汽动力循环是实现这一能量转换的重要方法,工质在循环系统中通过吸热、膨胀、排热等过程来实现热功转换。在这些过程里,工质的状态参数随时在变化,而状态参数是热力系统状态的单值函数。其中,压力和温度是最常用的状态参数。

## 1.1　压力和温度

单位面积上所受的垂直作用力称为压力(即压强),单位为 Pa(帕斯卡)。Pa是比较小的单位,通常使用 kPa、MPa。其他压力单位还有 atm(标准大气压),bar(巴),at(工程大气压),mmHg(毫米汞柱),$mmH_2O$(毫米水柱)等。传统测量压力的元件有 U 型管测压计、弹簧管压力表等。自动化测压元件有压阻式、电容式、压电式压力变送器等。压力变送器由压力传感元件与变送电路部分组成,输出统一为标准的 4～20 mA 电流或 1～5 V 电压信号等。压力有绝对压力和相对压力之分,因此压力变送器分为绝压型、表压型和差压型。使用表压型或差压型压力变送器测量绝对压力时,需要另外测量环境压力或参考端的压力值。

温度是物体冷热程度的标志,温度不同的两个物体相互接触时会发生热量交换,直到两个物体达到热平衡为止。国际上规定将热力学温标作为测量温度的最基本温标,其温度单位为开尔文,符号为 K,将水的三相点温度,即水的固相、液相、气相平衡共存状态的温度作为单一基准点并规定为 273.16 K;规定摄氏温度 $t$ 由热力学温度 $T$ 移动零点来获得,即 $t = T - 273.15$ K。$t$ 和 $T$ 的本质无差异,只是零点取值不同。

温度的测量分为接触式和非接触式两种。接触式测温利用热平衡的原理,当两个物体接触后,经过足够长的时间达到热平衡,则它们的温度必然相等。如果其中一个物体为温度计,则可以用它对另外一个物体进行温度测量。接触式温度计主要包括膨胀式温度计、热电阻温度计和热电偶温度计。接触式测温是目前应用最为广泛的温度测量方法,但是其需要感温元件与被测物体接触,容易破坏被测物体的温度场分布。非接触式测温有辐射测温、声波测温等。由于不需要与被测对象接触,因此不会改变被测对象的温度分布。但非接触测温的准确度易受环境温度和被测对象特性的影响。非接触式测温更适合对高温物体进行测量。

# 1.2　蒸汽动力循环

　　蒸汽动力循环通过工质在冷热源之间工作实现热功转换。虽然热力学第二定律指出,在相同温限内,卡诺循环的效率最高,但难于实现,实际蒸汽动力循环均以朗肯循环为基础。下面以热力发电厂的蒸汽动力循环为例进行介绍。循环装置由锅炉、汽轮机、冷凝器、水泵等组成,工质为水和水蒸气。工质在蒸汽动力装置中的循环如图 1-1 所示。

　　锅炉是循环工质吸热的主要设备。水泵送来的水在锅炉内吸热成为过热蒸汽;过热蒸汽的压力、温度都比较高,具有较强的做功能力,被导入汽轮机膨胀做功;做功后的蒸汽(乏汽)进入冷凝器被循环冷却水冷却凝结为水,再次由泵送入锅炉加热。如此周而复始,以水作为媒介,将燃料燃烧释放的热能一部分转变为机械功,其余部分传给环境介质。其原理可简单描述为:工质从高温热源吸收热量 $Q_1$,通过汽轮机对外做功 $W$,将剩余的热量 $Q_2$ 释放给低温冷源(环境介质)。乏汽在冷凝器内凝结,放出大量热量,这些热量通常释放到电厂附近的水体或者大气中,形成热量浪费。目前蒸汽动力循环的效率较低,不足 50%。

　　图 1-2 中的阴影面积代表做功量 $W$,从图中可以看出,通过改变蒸汽参数,如提高初参数,降低终参数,能够提高热能的利用效率。

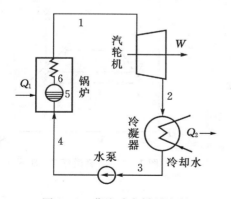

图 1-1　蒸汽动力循环流程

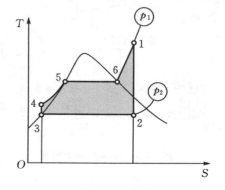

图 1-2　蒸汽动力循环 $T$-$S$ 图

## 1.2.1　蒸汽参数对循环效率的影响

　　提高过热蒸汽的温度可以提高过热蒸汽的做功能力,使循环效率增大,但由于过热器外侧为高温烟气,内侧为蒸汽,工作温度较高,因此要考虑材料耐热性能的限制。目前过热蒸汽的最高温度一般不高于 620℃。

提高过热蒸汽的压力也可以增大循环效率,但要考虑设备的承压能力,并且初压提高会造成乏汽干度降低,导致汽轮机的末级叶片水蚀。

降低排汽压力可以增大做功量,但其降低幅度受到环境温度的限制。当环境温度一定时,排汽压力的降低主要靠增大循环冷却水量来实现,因此存在一个最佳排汽压力,使装置的经济性达到最大。同一设备随着冬夏季节气温的变化,最佳排汽压力也在变化。

## 1.2.2  提高循环效率的措施

(1)抽汽回热循环。

乏汽在冷凝器内凝结放热,引起很大的冷源损失。为此,可以采取抽汽回热的方法来合理利用冷源损失,从而提高循环效率(见图 1-3)。从汽轮机的适当部位抽出尚未完全膨胀的、压力和温度相对较高的少量蒸汽,去加热低温冷凝水,这部分蒸汽未经过冷凝器,不向冷源放热(见图 1-4),从而提高了循环热效率,还能降低锅炉热负荷,减少冷凝器的换热面积。现代大中型蒸汽动力装置均采用抽汽回热循环。

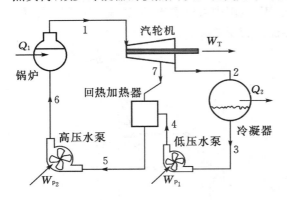

图 1-3  回热循环流程图

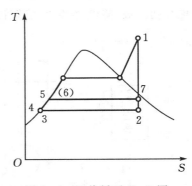

图 1-4  回热循环 $T-S$ 图

(2)再热循环。

近年来,热力发电厂一直向着大容量、高参数的方向发展,目前,世界上已经有很多超临界机组(25 MPa,620℃)在安全运行。随着主蒸汽压力的提高,汽轮机的排汽湿度增大,引起低压缸尾部叶片水蚀,影响叶片的使用寿命。为了减少此现象,可以采取再热循环(见图 1-5、图 1-6),将过热蒸汽在汽轮机中膨胀到某一中间压力后抽出,导入锅炉中的再热器再次加热,提高干度后再回到汽轮机继续膨胀,膨胀到相同背压时蒸汽的干度会提高,减少水蚀,此外,还可以对动叶顶部进行淬硬处理或者采用去湿装置等措施。

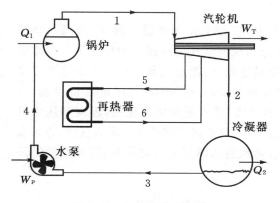

图 1-5　再热循环流程图

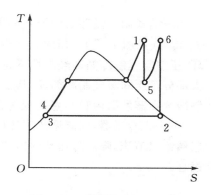

图 1-6　再热循环 $T$-$S$ 图

(3)燃气-蒸汽联合循环。

锅炉中烟气的温度可超过 1500℃,而产生的过热蒸汽温度仅有 600℃ 左右。大温差传热造成很大的不可逆损失。对于燃烧清洁燃料的热力设备,可采用燃气-蒸汽联合循环来改善热经济性,即以燃气作为高温工质,蒸汽作为低温工质,由燃气轮机的排气作为蒸汽轮机装置循环加热源的联合循环(见图 1-7),实现了能量的梯级利用,联合循环的热效率可以达到 60%,甚至更高。

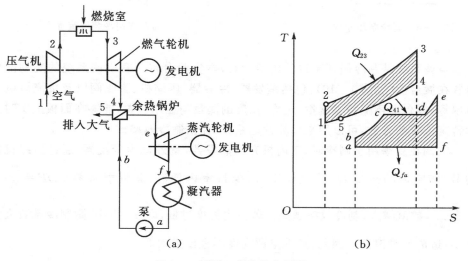

图 1-7　燃气-蒸汽联合循环

# 1.3 压缩蒸气制冷循环

压缩式制冷循环装置消耗外部机械功,实现热量由低温冷源 $T_2$ 向高温热源 $T_1$ 转移(见图 1-8)。压缩式制冷循环分为压缩空气制冷循环和压缩蒸气制冷循环,压缩空气制冷循环经济性不高,制冷量也较小,因此世界上运行的制冷装置绝大部分是压缩蒸气制冷循环,其工质多为氟利昂,工质的循环流程如图 1-9 所示,制冷剂在蒸发器内吸热蒸发成为制冷剂蒸气,进入压缩机被压缩,温度和压力升高,再进入冷凝器,向高温热源释放热量,将过热的制冷剂蒸气冷凝成液体,进入膨胀阀绝热节流,降温降压至湿饱和蒸气,再次进入蒸发器吸热蒸发,完成制冷循环过程。

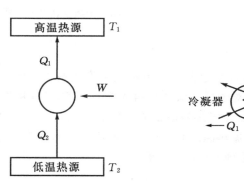

图 1-8 制冷循环原理

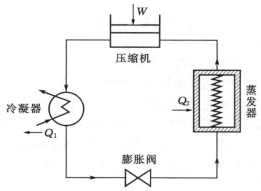

图 1-9 压缩蒸气制冷装置流程

空调系统是制冷循环装置的典型代表,本实验台将一套空调系统的实物部件布置在展台上(见图 1-10),包括蒸发器、冷凝器、压缩机、膨胀阀以及贯流风机和风扇等,展台上还配备了流量、压力、温度的测量与显示装置,能够在面板上实时显示特定位置的参数,可以用来计算性能系数,评估制冷效率。

空调在夏季用于制冷时,室内机充当蒸发器,室外机为冷凝器,通过压缩机做功 $W$,将室内的热量 $Q_2$ 输送到室外,保持室内低温,其性能系数 $COP = \dfrac{Q_2}{W} = \dfrac{T_2}{T_1 - T_2}$,数值越大,制冷效率越高。若室内温度过低,即 $T_2$ 很小,则制冷系数大大减小,造成能量浪费。因此,夏季空调温度不宜设置太低。

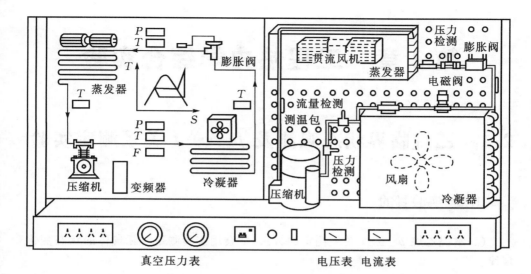

图 1-10 空调系统实验展台

空调在冬季作为热泵用于供暖时，室外机充当蒸发器，室内机为冷凝器，压缩机做功 $W$，将室外的热量输送到室内，释放的总热量为 $Q_1$，其供暖系数 $COP' = \dfrac{Q_1}{W}$ $= \dfrac{Q_2 + W}{W} = COP + 1$，$COP'$ 总是大于 1，因为它不仅将压缩机消耗的能量转化成热量输送给高温热源，而且把低温冷源的热量泵送到高温热源。因此，热泵是一种比较高效的供暖装置。当冬季空调工作时，由于工质吸收周围空气的热量，如果环境温度过低，可导致室外机结霜，影响换热效率，此时需要及时除霜。

# 第 2 章　工程热力学综合实验

## 2.1　乙烷临界状态观测及 $p-v-t$ 关系测定实验

### 2.1.1　实验目的

（1）掌握乙烷 $p-v-t$ 关系测定的方法，学会用实验测定实际气体的状态变化规律。

（2）增加对工质凝结、气化、饱和状态、临界状态和临界参数等基本概念的理解。

（3）学会使用活塞式液压泵、恒温槽等热工仪器。

### 2.1.2　实验原理

**1. 实际流体 $p-v-t$ 性质测定**

$p-v-t$ 性质是流体最基本的平衡物性之一，结合理想气体比热容，可以拟合出实际流体的状态方程 $f(p,v,t)=0$，从而导出其他热力学参数。

流体 $p-v-t$ 关系测定时，需要首先固定 $p$、$v$、$t$ 三个参数中的一个，然后通过改变第二个参数，测量得到一系列与之相对应的第三个参数的值。由于流体 $p-v-t$ 测量中温度稳定需要的时间最长，因此测量时首先固定的参数为温度，测量得到 $t=t_1$ 时一系列 $p$ 和 $v$ 之间的关系

$$f(p,v)\Big|_{t=t_1} = 0$$

然后改变温度，测量得到其他温度下一系列 $p$ 和 $v$ 之间的关系

$$f(p,v)\Big|_{t=t_2} = 0$$

$$f(p,v)\Big|_{t=t_3} = 0$$

...

不同的流体，其 $p-v-t$ 关系也各不相同，本实验所测量的流体为乙烷，图

2-1是其标准的 $p-v-t$ 关系图形。

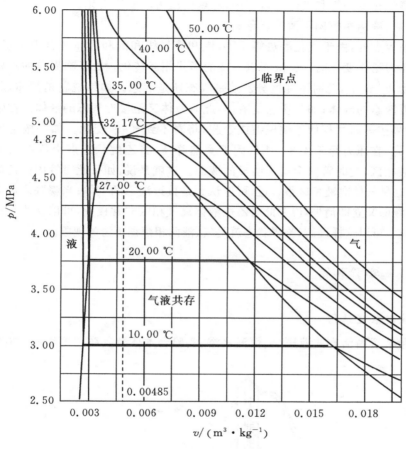

图 2-1　乙烷标准曲线图

2. 实验现象的观测

纯物质的临界点表示气液两相平衡共存的最高温度点 $t_c$ 和最高压力点 $p_c$。本实验测量 $t<t_c$、$t=t_c$ 和 $t>t_c$ 三种温度条件下的等温线。其中 $t>t_c$ 等温线是较为光滑的一条曲线,该等温线上的点全部为气相;$t<t_c$ 等温线分为三段,其中中间水平段为气液共存区;$t=t_c$ 等温线在临界压力附近有一水平拐点,并出现气液不分的现象。

(1)饱和现象。

当 $t<t_c$ 时在等温条件下,随着压力的升高,气相乙烷将会液化,且液化量逐渐

增多,最终全部变为液相。气-液的相互转变需要一定的时间,表现为渐变过程,在由饱和蒸气转变为饱和液体的过程中,乙烷的压力不发生变化。

(2)气、液两相模糊不清的现象。

在临界点处,由于气化潜热等于零,饱和蒸气线和饱和液体线合于一点,所以此时当压力稍作变化时,气-液相以突变的形式相互转化。处于临界点的乙烷的状态参数为 $p_c$、$v_c$、$t_c$,此时不能区分乙烷是气态还是液态。如果说它是气体,此时气体是接近液态的气体;如果说它是液体,此时液体又是接近气态的液体。在临界温度下,如果按等温过程使乙烷压缩或膨胀,将看不到气-液变化。如果按绝热过程进行,首先,在压力等于 4.87 MPa 附近突然降压,将乙烷状态点由等温线沿绝热线降到液相区,这时管内会出现明显的液面。这就是说,如果此时管内的乙烷是气体,那么这种气体离液相区很接近,可以认为是接近液态的气体;当膨胀之后突然压缩乙烷,液面又立即消失,说明此时乙烷液体离气相区非常接近,可以认为是接近气态的液体。可以这样理解,临界状态就是气、液两相模糊不清的现象。

### 2.1.3 实验装置

**1.实验装置结构**

实验装置由活塞式液压泵、恒温水浴、实验台本体及其防护罩组成,如图 2-2 所示。

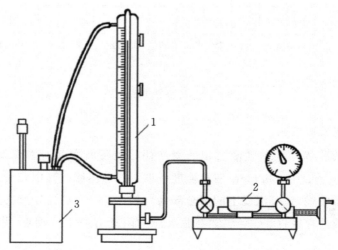

图 2-2 实验台系统原理图
1—实验台本体;2—活塞式液压泵;3—恒温槽

实验台本体如图 2-3 所示。高压玻璃容器管内充乙烷,玻璃杯内盛有水银,压力油将液压泵送来的压力传入玻璃杯上半部,迫使水银进入预先充灌了乙烷气体的承压玻璃管容器,乙烷被压缩,其压力大小通过液压泵上的活塞杆的进、退来调节。乙烷的温度通过恒温水套进行控制。

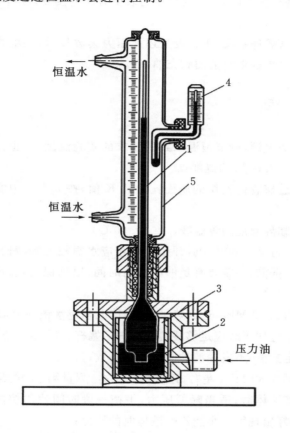

图 2-3  实验台本体结构简图
1—水银;2—玻璃杯;3—压力油;4—温度计;5—恒温水套

乙烷的压力由活塞式液压泵上的精密压力表读出(注意:绝对压力=表压+大气压),温度由水套内安装的温度计读出,比容由乙烷柱的高度差除以质面比常数计算得到。

2.活塞式液压泵使用方法

(1)保证压力表下部阀门处于打开状态。

(2)关闭进入本体油路的阀门,开启压力台上油杯的进油阀。

（3）摇退压力台上的活塞螺杆，直至螺杆全部退出。此时压力泵油杯中抽满了油。

（4）关闭油杯的进油阀，开启进入本体油路的阀门。

（5）摇进活塞杆，使本体充油，直至压力表上有压力读数显示，毛细管下部出现水银为止。

（6）如活塞杆已摇进到头，压力表上还无压力读数显示，毛细管下部未出现水银，则重复（2）—（4）步骤重新抽油和充油。

### 2.1.4 实验步骤

（1）接通恒温浴电源，调节恒温水到所要求的实验温度（以恒温水套内温度计为准）。首先做 $t=27.00\ ℃$ 的温度点。

（2）测定承压玻璃管内乙烷的质面比常数 $K$ 值，按 2.1.5 中实验数据的整理方法进行计算。

（3）测定低于临界温度的等温线（$t=27.00\ ℃$）。

①逐渐增加压力至 3.00 MPa，开始读取相应水银柱上端液面刻度，记录第一个数据点。读取数据前，一定要有足够的平衡时间，以确保温度、压力和水银柱高度的恒定；

②增加压力约 0.30 MPa，达到热平衡后，读取相应水银柱上端液面刻度，记录第二个数据点。注意加压时应足够缓慢的摇进活塞杆，以保证定温条件，水银柱高度应稳定在一固定数值，不发生波动时再进行读数；

③按压力间隔 0.30 MPa 左右，逐次提高压力，测量第三、第四……数据点，当出现第一小滴乙烷液体时，适当降低压力，平衡一段时间使乙烷的温度和压力恒定，以准确读出恰好出现第一小滴乙烷液体时的压力；

④在乙烷液化的阶段，注意观测压力改变后乙烷状态的变化，特别是测准出现第一小滴乙烷液体时的压力和对应的水银柱高度，以及最后一个乙烷小气泡消失时的压力和对应的水银柱高度。此二点压力值改变很小，在此期间，按水银柱高度每变化 5 mm，记录其所对应的压力值；

⑤当乙烷全部液化后，继续按压力间隔 0.30 MPa 左右升压，直到压力达到 6.00 MPa 为止（注意：实验中最大压力不得超过 6.00 MPa）。

（4）测定临界温度等温线和临界参数，观察临界现象。

①将恒温水套温度调至 $t=32.17\ ℃$，按上述（3）的方法和步骤测出临界温度等温线，注意在曲线的拐点（$p=4.87$ MPa）附近，应缓慢调整压力（按水银柱高度

每变化 2 mm,记录其所对应的压力值),以便较为准确地确定临界压力和临界比容,较准确地描绘出临界温度等温线上的拐点。

②按 2.1.2 中介绍的原理,观察临界点处气液两相模糊不清的现象。

(5)测定高于临界温度的等温线($t = 40.00\ ℃$)。将恒温水套温度调至 $t = 40.00\ ℃$,按压力每间隔 0.30 MPa,测量 3.00～6.00 MPa 区间内不同压力所对应的水银柱高度。

## 2.1.5  实验数据整理

承压玻璃管内乙烷质量不便于测量,而玻璃管内径或截面积($A$)也不易测准,因而实验中采用间接办法来确定乙烷的比容,认为乙烷的比容 $v$ 与其高度近似成线性关系。具体方法如下:

(1)已知乙烷液体在 27.00 ℃,5.00 MPa 时的比容
$$v(27.00\ ℃,5.00\ \text{MPa}) = 0.00306\ \text{m}^3/\text{kg}$$

(2)实验测定乙烷在 27.00 ℃,5.00 MPa 时的液柱高度 $\Delta h_0$(mm)。

(3)由 $v(27.00\ ℃,5.00\ \text{MPa}) = \dfrac{\Delta h_0 A}{m} = 0.00306\ \text{m}^3/\text{kg}$,可得

$$K = \frac{m}{A} = \frac{\Delta h_0}{0.00306}$$

式中:$K$——玻璃管内乙烷的质面比常数,kg/m²。

因此,任意温度、压力下乙烷的比容为

$$v = \frac{\Delta h}{m/A} = \frac{\Delta h}{K}$$

式中:$\Delta h = h - h_0$;

　　$h$——任意温度、压力下水银柱高度;

　　$h_0$——承压玻璃管内径顶端刻度(酌情扣除尖部长度)。

## 2.1.6  实验报告内容

(1)实验目的、原理。

(2)根据表 2-1 中的数据,参照图 2-1 在 $p - v$ 坐标系中绘制出三条等温线。

(3)将实验获得的等温线与图 2-1 所示的标准等温线进行比较,分析其差异并说明原因。

表 2-1　实验数据及现象记录表

| 序号 | $t=$　℃ | | | | $t=$　℃（临界温度） | | | | $t=$　℃ | | | |
|---|---|---|---|---|---|---|---|---|---|---|---|---|
| | $p$ MPa | $\Delta h$ mm | $v$ $m^3 \cdot kg^{-1}$ | 现象 | $p$ MPa | $\Delta h$ mm | $v$ $m^3 \cdot kg^{-1}$ | 现象 | $p$ MPa | $\Delta h$ mm | $v$ $m^3 \cdot kg^{-1}$ | 现象 |
| 1 | | | | | | | | | | | | |
| 2 | | | | | | | | | | | | |
| 3 | | | | | | | | | | | | |
| 4 | | | | | | | | | | | | |
| 5 | | | | | | | | | | | | |
| 6 | | | | | | | | | | | | |
| 7 | | | | | | | | | | | | |
| 8 | | | | | | | | | | | | |
| 9 | | | | | | | | | | | | |
| 10 | | | | | | | | | | | | |
| 11 | | | | | | | | | | | | |
| 12 | | | | | | | | | | | | |
| 13 | | | | | | | | | | | | |
| 14 | | | | | | | | | | | | |
| 15 | | | | | | | | | | | | |
| 16 | | | | | | | | | | | | |
| 17 | | | | | | | | | | | | |
| 18 | | | | | | | | | | | | |
| 19 | | | | | | | | | | | | |
| 20 | | | | | | | | | | | | |
| | | | | | | | | | | | | |
| | | | | | | | | | | | | |
| | | | | | | | | | | | | |
| | | | | | | | | | | | | |
| | | | | | | | | | | | | |

(4)将实验测定的临界比容 $v_c$ 与理论计算值填入表 2 - 2 中，分析其差异并说明原因。

表 2 - 2　临界比容值 $v_c$ ( $m^3/kg$ )

| 标准值 | 实验值 | $v_c = \dfrac{R_g T_c}{p_c}$ | $v_c = \dfrac{3R_g T_c}{8p_c}$ |
|---|---|---|---|
| 0.00485 | | | |

## 2.1.7　思考题

(1)实验工质乙烷的压力如何从外界送入？

(2)在实验得到的亚临界温度曲线中，饱和液体和饱和气体所对应的压力是否相等？说明可能造成该差别的原因。

(3)本实验怎样能够提高比容测量的准确度？请说出三种以上方法。

(4)加压时为什么要足够缓慢？否则会出现什么问题？

# 2.2 喷管实验

## 2.2.1 渐缩喷管流动测试实验

### 1. 实验目的

(1)熟悉渐缩喷管的实验原理及测量方法;

(2)测定喷管出口截面压力随背压的变化以及相应工况的流量;

(3)学会正确使用压力表、真空表及大气压力计。

### 2. 实验原理

气体流经渐缩喷管时,能使气流充分膨胀的压力比称为临界压力比,表示为

$$\nu_{cr} = \frac{p_{cr}}{p_1} = \left(\frac{2}{\kappa+1}\right)^{\frac{\kappa}{\kappa-1}} \tag{2-1}$$

对于空气等双原子理想气体,$\kappa = 1.4$,$\nu_{cr} = 0.528$。$p_{cr}$称为临界压力,是气体在渐缩喷管中能膨胀到的最低压力。

当喷管出口外压力即背压 $p_b$ 在大于临界压力 $p_{cr}$ 的范围内变动时,渐缩喷管内气体能完全膨胀,喷管出口截面压力 $p_2 = p_b > p_{cr}$,若略去沿程摩擦,将流动简化为等熵流动,根据流速、流量公式可知,流速 $c_{f2} < c_{cr}$,流量 $q_m < q_{m,max}$。喷管内压力变化如图 2-4 中曲线 2、3、4 所示。

当背压 $p_b = p_{cr}$ 时,气体流经渐缩喷管的出口截面压力 $p_2 = p_b = p_{cr}$,流速 $c_{f2} = c_{cr}$,流量达到最大即 $q_m = q_{m,max}$,气流在渐缩喷管内充分膨胀,压力变化如图 2-4 中曲线 1 所示。

当背压 $p_b < p_{cr}$ 时,根据工程热力学教材中对等熵流动的分析,在截面单纯收缩的渐缩喷管中,出口截面压力 $p_2$ 不能降至 $p_{cr}$ 以下,所以在喷管出口截面仍有 $p_2 = p_{cr}$,$c_{f2} = c_{cr}$,$q_m = q_{m,max}$。气流在喷管中膨胀不足,流出喷管后将自由膨胀,从 $p_2 = p_{cr}$ 降至 $p_b$。这部分压降无相应的渐扩通道引导,不能增加流速,而是在自由膨胀中不可逆地损耗了。管外的自由膨胀已不遵守等熵流动规律,在图 2-4 中用波形曲线 5 示意。

本实验所用工质为空气,利用真空泵制造出低于大气压力的喷管背压,使空气流经实验管道及渐缩喷管。改变背压 $p_b$,测定喷管出口截面压力 $p_2$ 和流量,通过 5 个工况的实验测试和分析讨论,达到巩固、理解教材及上述原理的目的。

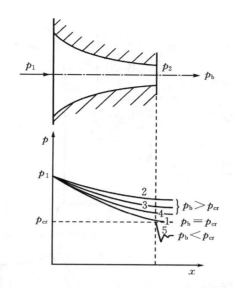

图 2-4　渐缩喷管中的压力分布图

1—$p_2 = p_{cr}$ 的情况；2、3、4—$p_2 > p_{cr}$ 的情况；5—$p_2 < p_{cr}$ 的情况

### 3. 实验装置

整个实验装置由渐缩喷管实验台本体、真空罐、真空泵及测量仪表等组成,装置简图如图 2-5 所示。

图中 1、2 为喇叭形进气口及管道,用于稳定气流、均匀流场。

3 为靶式流量计,用于测量流经喷管的气体流量。

4 为缓冲罐,用于稳定喷管入口的流场,并起到降低噪音的作用。

5 为渐缩喷管实验段,采用有机玻璃制成,渐缩喷管出口截面外径 $\phi = 4$ mm,具体结构、尺寸如图 2-6 所示。

6 为测压探针,由 $\phi = 1.2$ mm 不锈钢管制成,管端部封死,侧面开设两个对称的小孔,用于测量喷管各截面处的压力。其结构及连接如图 2-7 所示。

7 和 8 分别为与测压探针相连接的真空表及手轮-螺杆机构。转动手轮-螺杆机构可带动测压探针沿喷管轴线移动,测压探针上的静压孔将处于喷管内不同截面位置,此时由真空表 7 即可读取喷管内不同截面的压力。

9 为背压真空表,10 为背压调节阀,用于调节喷管背压的大小。

11 为真空罐,是体积为 3 m³ 的压力容器,主要用于稳定喷管背压。真空罐上装有真空表和带有硅胶盒的真空破坏阀,前者显示罐内真空度大小。当整个实验停止工作时,为了使实验系统处于外界压力平衡状态,需打开真空破坏阀。

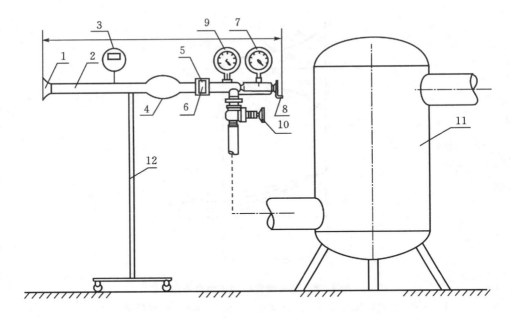

图 2-5　渐缩喷管实验装置简图

1—喇叭口；2—进气管；3—靶式流量计；4—缓冲罐；5—喷管；6—测压探针；
7—与测压探针连通的真空表；8—手轮-螺杆机构；9—背压真空表；10—背压调节阀；
11—真空罐；12—支架

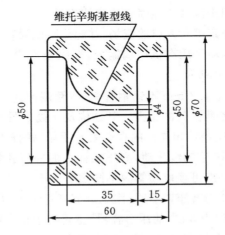

图 2-6　渐缩喷管结构尺寸图（单位：mm）

采用真空泵对真空罐抽真空,以造成低于大气压力的喷管出口外背压,在渐缩喷管进出口形成压差,使气体在喷管中流动,同时采用大气压力计测量大气压力。

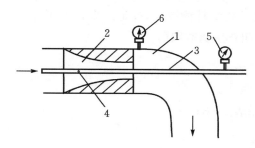

图 2-7  探针测压简图

1—管道;2—喷管;3—探针;4—测压孔;5—测量喷管各截面压力的压力表;
6—测量喷管排气管道中压力(背压)的压力表

### 4. 实验测量

关闭实验台上所有阀门后,启动真空泵,使真空罐内的真空度保持在 $p_v =$ 700 mmHg 左右,随后开启实验台上的背压调节阀。由于喷管出口外背压低于大气压力,因此空气可通过喇叭进气口进入实验管道,流经渐缩喷管。转动手轮-螺杆机构,测压探针可自由地伸入喷管内各截面,测得不同截面的压力。如使测压探针上的静压孔处在喷管出口截面,即可测得出口截面气流压力 $p_2$。

当背压 $p_b$ 达到临界压力 $p_{cr}$ 后,再降低背压,渐缩喷管的流量不变,因此可以通过流量不变来判断渐缩喷管出口是否达到临界状态。此方法可以估出临界压力 $p_{cr}$。

### 5. 实验步骤

(1)开启真空泵(由教师完成);

(2)由 DYM3 型空盒气压表测取大气压力 $p_0$(注意按说明书进行相应修正);

(3)根据所测的大气压力计算渐缩喷管临界压力 $p_{cr}$(实验工质为空气);

(4)调节背压阀门,将背压调节在计算获得的临界压力值附近变化,并仔细观察靶式流量计的读数不随背压变化的现象。反复操作几次,估测出气流实际流经渐缩喷管的临界压力对应的真空度 $p_{cr,v}$,记录在表2-3中;

(5)转动手轮-螺杆机构,使测压探针的静压孔位于喷管出口截面(**即在背压低于临界背压的情况下将与测压探针连接的真空表数值调到 $p_{cr,v}$**),此后不再转动手轮-螺杆机构；

(6)按实验数据记录表所给的工况依次改变背压,测定对应工况的喷管出口压力 $p_2$、真空度 $p_{2v}$ 及靶式流量计读数 $q_v$,并记入表 2-3 中。

(7)实验完毕,关闭背压调节阀门。

6. 实验报告内容

(1)实验目的、原理；

(2)实验数据记录表 2-3；

(3)回答思考题。

表 2-3　渐缩喷管实验数据记录表

$p_0 =$　MPa　　$p_{cr.v_1} =$　MPa　　$p_{cr.v_2} =$　MPa　　$p_{cr.v_3} =$　MPa　　$p_{cr.v} =$　MPa

| 序号 | 工况 | $p_b / p_0$ | 背压 $p_b$ /MPa | 背压真空度 $p_{bv}$/MPa | 出口截面真空度 $p_{2v}$ /MPa | 出口截面压力 $p_2$ /MPa | 流量 $q_v$ /Nm³·h⁻¹ | 流量是否达到最大 |
|---|---|---|---|---|---|---|---|---|
| 1 | $p_b/p_0 > \nu_{cr}$ | 0.70 | | | | | | |
| 2 | $p_b/p_0 > \nu_{cr}$ | 0.60 | | | | | | |
| 3 | $p_b/p_0 = \nu_{cr}$ | 0.528 | | | | | | |
| 4 | $p_b/p_0 < \nu_{cr}$ | 0.40 | | | | | | |
| 5 | $p_b/p_0 < \nu_{cr}$ | 0.30 | | | | | | |

7. 思考题

(1)通过本实验的观察和测定,你对喷管中出现的临界现象有哪些认识?

(2)在估测渐缩喷管临界压力时,除通过调节背压保持流量不变方法外,是否还有其它方法可用于确定临界压力?

(3)你采用什么方法使测压探针的静压孔处在渐缩喷管出口截面位置?

(4)实验测试结果与理论值有什么差别? 原因是什么?

(5)你对本实验还有什么要求和建议? 能否对实验装置及测量方法提出改进意见?

### 2.2.2　缩放喷管流动的自动化测量实验

1. 实验目的

(1)熟悉缩放喷管的实验原理和自动化测量原理；

(2)学习喷管实验的数据采集、处理的基本过程；

(3)根据自动采集、显示的实验结果,分析讨论缩放喷管的设计工况及非设计工况。

2. 实验原理

设计工况下,气体流经缩放喷管能够完全膨胀,喷管各截面压力变化如图2-8中的曲线 1 所示。此时,最小截面的压力为临界压力 $p_{cr}$、气流速度达到临界流速 $c_{cr}$、流量为设计流量。在渐扩段转入超音速流动。喷管出口截面压力 $p_2 = p_b$（背压）$= p_c$（设计出口压力）。

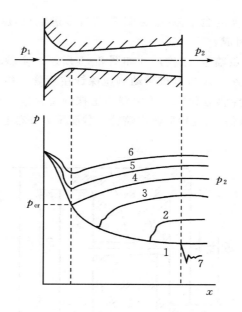

图 2-8　缩放喷管中的压力分布图
1—在设计工况下工作时的压力分布；2、3、4、5、6—膨胀过度时的压力分布；
7—膨胀不足时喷管出口外自由膨胀

当背压 $p_b$ 低于设计压力时,气流在喷管中的流动仍如图2-8中曲线1所示,但气体膨胀不足,流出喷管后将发生自由膨胀,压力从 $p_2$ 降低到实际背压 $p_b$,如图2-8中曲线7所示,这种自由膨胀将引起部分动能损失。

当背压 $p_b$ 高于设计压力时,气流在喷管中膨胀过度,压力会降低到小于外界背压。之后在到达出口截面之前发生突跃压缩,升压到外界背压排出。而发生突跃压缩的位置随着背压的升高向最小截面方向移动,如图2-8中曲线2、3、4所示。这几种情况不影响流量,因为最小截面处气流达到并一直是临界状态,气流亦为设计流量。背压继续升高,喷管最小截面压力将不再是临界压力,并随着背压的升高而有所升高,流量也不再是设计流量。此时最小截面之前的膨胀将受到背压改变的影响,各截面压力随背压升高而升高,如图2-8中曲线5、6所示。

本实验利用现代测试技术,按上述原理对缩放喷管的流动特性进行采集、处理及显示,并将实测结果与教材所给的曲线进行对比讨论,深入了解气体流经缩放喷管的实际压力分布与理论结果的差别。此外,还将对缩放喷管在非设计工况下的流动特性进行采集、显示及分析讨论。

3. 实验装置

实验装置由喷管实验台本体(参见图2-5),步进电机,压力、位移传感器及自动化采集、处理系统组成。

实验用喷管为缩放喷管,结构尺寸如图2-9所示。实验时采用背压阀门和背压真空表调节背压大小。步进电机带动测压探针在喷管中移动,在移动过程中,与测压探针相连的位移传感器和压力传感器给出探针位移信号与喷管各截面压力信号,计算机实时采集该信号,处理后给出喷管各截面压力分布曲线,如图2-10所示。

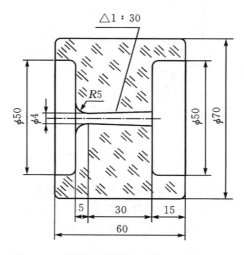

图2-9  缩放喷管结构尺寸图(单位:mm)

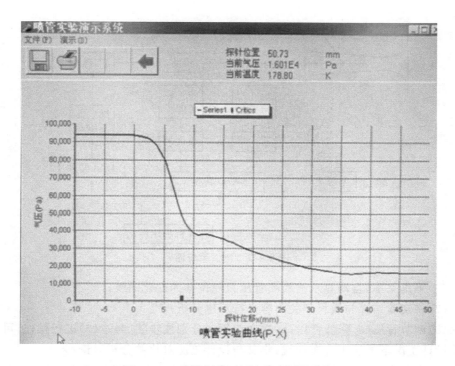

图 2-10　喷管各截面压力分布测量曲线

**4.实验的自动化测试原理**

实验测量时,压力和位移通过传感器变换为电信号,经放大、模数转换后由计算机采集。计算机输出控制信号进行数模转换后驱动继电器,可以控制电机正转、反转和静止。计算机通过采集的位移信号自动判断目前探针位置,并执行相应动作,从而实现自动测量。数据和曲线的显示、存储、打印及其他功能由程序实现。

实验测试系统如图 2-11 所示。

**5.实验步骤**

(1)开启电源,打开计算机,运行测量程序;

(2)插上步进电机及控制板的电源插头;

(3)打开背压阀门,将喷管出口外背压调节到设计值;

(4)在测量程序界面下进行操作,点击演示菜单的"复位"或"⇦"快捷图标,使测压探针复位,即使测压探针移动到喷管进口前所设置的初始位置;

(5)点击演示菜单的"开始"或"⇨"快捷图标,探针开始向喷管出口方向移动,计算机开始采集压力和位移信号,并实时显示探针所处位置、压力及温度数值;

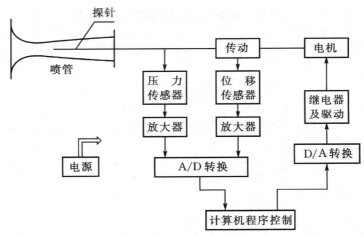

图 2-11　测试系统图

（6）采集完毕，自动显示缩放喷管压力随位移的变化曲线；

（7）将实验结果与教材相关内容进行对比分析；

（8）调节背压（a.降低背压；b.提高背压），分别按步骤（4）—（6）进行操作，可得出非设计工况下的压力分布曲线，将其与设计工况对比并分析讨论；

（9）实验完毕，退出测量程序，关闭计算机，拔去电机与控制板电源插头，关闭背压阀门，使真空表指针回零。

6.测量程序功能操作说明

（1）菜单及图标功能。

菜单"文件|保存"或"保存"快捷图标（用鼠标点在图标上 1 秒后即可显示图标的功能）可以保存实验结果。保存的结果可以是数据或图像。保存数据是将采集的位移、压力及计算所得的温度保存为一文本文件，此文本文件可以导入到 Microsoft Origin 中进行处理。保存图像是把实验曲线保存为位图文件。

菜单"文件|打印设置"和菜单"文件|打印"分别为打印设置和打印。

菜单"演示|开始"或"开始"快捷图标使喷管探头向前（向喷管出口方向）运动，同时开始采集数据，并在运动过程中实时显示探头的位置、压力和温度。

菜单"演示|复位"或"复位"快捷图标使探头向后（向喷管入口方向）运动，在运动过程中实时显示探头的位置、压力和温度。

菜单"演示|停止"或"停止"快捷图标使探头停止运动，不论探头向什么方向运动。

菜单"演示|温度曲线"可以显示或不显示温度曲线，菜单前面的勾号表明了温度曲线当前是否显示。

点击菜单"演示|设置"将出现一个设置窗口,通过该窗口可设置两项内容:一是设置采样时间步长,其范围为:200~2000 ms;二是设置当前温度及大气压力。

菜单"演示|测试当前大气压"可以测试当前的大气压力。如果探头不在初始位置,则程序自动控制使探头回到初始位置以正确测试当前大气压力,该测量将同时用在温度计算中。

图示曲线部分说明:按住鼠标左键向右向下拖动,然后释放鼠标,框出的矩形区域将被局部放大。按住鼠标左键向其他方向拖动,然后释放鼠标将恢复原来的图象比例。按住鼠标右键不放并移动可以平移曲线。X 轴坐标上 0、8、35 位置处的红点分别代表喷管入口、喉部和出口。

(2)程序演示。

在每次测量之前,如果没有保存上一次的结果,程序将提示是否保存。每次保存分为两步:第一步是保存数据为文本文件;第二步是保存图形为位图文件。该工作在关闭程序时也可执行。

## 2.2.3 缩放喷管流动截面的压力演示实验

### 1.实验目的
(1)观察并测量缩放喷管在设计工况下工作时,压力沿管长方向的变化情况;
(2)观察缩放喷管在非设计工况下工作时,管内压力、喉部压力的变化情况。

### 2.实验装置
实验装置由缩放喷管实验台本体、测压管及压力测量显示装置组成。本实验所用喷管为缩放喷管,截面为矩形或圆形,其中矩形喷管尺寸及测压点布置如图2-12所示,使用 6 台差压变送器分别测量图 2-12 中 6 个不同位置处的真空度(kPa),测量结果直接在图 2-13 所示的压力测量系统中显示。

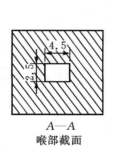

A—A
喉部截面

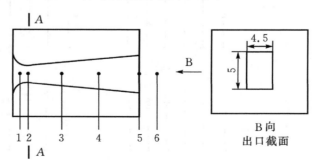

B 向
出口截面

图 2-12 缩放喷管结构示意图

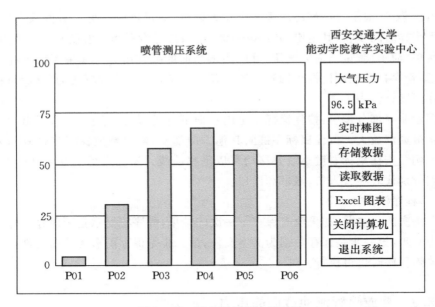

图 2-13　压力测量系统界面图

## 3. 实验原理

图 2-14 显示了缩放喷管沿流动方向各截面处的压力（真空度）变化趋势。缩放喷管在设计工况下工作时，出口截面压力 $p_2$ 等于背压 $p_b$，即 $p_2 = p_b = p_c$（$p_c$ 为设计出口压力），此时气流在喷管内能充分膨胀到压力降至背压，此时各截面压力如图 2-14(a) 所示，其中 $p_5 = p_6$，流量为设计值，喉部压力等于临界压力 $p_{cr}$。

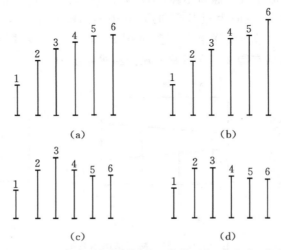

图 2-14　不同工况喷管不同截面处的压力（真空度）分布图

当 $p_b < p_c$ 时,超出了缩放喷管的工作能力。气流在喷管内只能膨胀到 $p_c$,即喷管出口截面压力 $p_2 = p_c > p_b$。由于在喷管内膨胀不足,气体将在管外进行自由膨胀,压力从 $p_2$ 降到 $p_b$,如图 2-14(b)所示,此时 $p_5 > p_6$,流量仍等于设计流量。

当背压 $p_b > p_c$ 时,缩放喷管内流动情况比较复杂。当 $p_b$ 稍大于 $p_c$ 时,渐缩段仍维持设计工况,喉部压力为临界压力 $p_{cr}$,流量等于设计流量;在渐扩段,气流继续膨胀,压力可降到 $p_b$ 以下(气流膨胀过度),之后在出口前的某截面处压力急剧升高,与此同时气流速度从超音速急剧降到亚音速,形成一个气体状态参数不连续的间断面,该现象称为突跃压缩(激波压缩)。显然,突跃压缩是不可逆过程。间断面后的亚音速流动相当于扩压管内的流动,气体沿渐扩截面减速升压至 $p_b$,然后流出喷管。发生突跃压缩的截面位置随背压 $p_b$ 的升高而逐渐靠近喉部,且压力升高的幅值越来越小。其压力分布如图 2-14(c)所示。

当 $p_b$ 升高到某一压力时,渐缩段起到的是喷管(加速)作用而渐扩段起到的是扩压管作用。此时,最小截面压力为 $p_{cr}$,流速为 $c_{cr}$,除了最小截面,其他截面上均为亚音速流动;管道内不再出现突跃压缩现象,流量仍为设计流量。若背压 $p_b$ 继续升高,则渐缩段仍为喷管,渐扩段仍为扩压管,但因喉部截面未达到临界压力,所以流量小于设计流量,如图 2-14(d)所示。

### 4. 实验步骤

(1)当真空罐内的真空度达到 700 mmHg 左右,缓慢打开背压阀,直至开到最大。再将背压阀缓慢关小,在关小的过程中,$p_6$ 慢慢减小,当 $p_5 = p_6$ 时,停止关阀门,这时就是喷管的设计工况。喷管不同截面处的压力分布如图 2-14(a)所示;

(2)记录各点的真空度,再结合大气压换算成绝对压力,填入表 2-4 中,并计算临界压力比;

(3)继续缓慢关闭背压阀(提高背压),观察突跃压缩现象及间断面位置。由于实验测点较少,所以间断面只能观察到两个,即在测点 3、4 处可以看到真空度的突然减小;

(4)再缓慢关闭背压阀,找出喷管内间断面消失的那一点的工况,此时喉部为临界压力,渐缩段起喷管作用,渐扩段起扩压管作用。关闭背压阀时请注意观察测点 2 处的压力,记录真空度开始下降但还没有下降时的背压,填入表中;

(5)缓慢关闭背压阀直至关死,观察此过程各测点真空度的变化情况。

### 5. 实验报告内容

填写表 2-4,当场交给老师审阅。

表 2-4　实验数据记录

大气压力: $p_0 =$　　　　MPa

| 测号点 | 1 | 2 喉部 | 3 | 4 | 5 | 6 | $\nu_{cr}$ |
|---|---|---|---|---|---|---|---|
| 设计工况 $p_v$ /kPa | | | | | | | |
| 绝对压力 $p$ /kPa | | | | | | | |
| 间断面 消失点 | | | | | | | |

6. 思考题

(1)通过本实验,你对缩放喷管的流动情况有什么新的认识?

(2)你测得的临界压比是否为 0.528? 若不是,试分析原因。

(3)你对本实验有什么改进意见和建议。

# 2.3 活塞式压气机热力过程实验

## 1. 实验目的

(1)了解活塞式压气机的工作原理及构造；

(2)熟悉用微机测定压气机工作过程的方法,采集并显示压气机的示功图；

(3)根据测定结果,确定压气机压缩过程及膨胀过程的多变指数；

(4)进行变工况压气机工作过程测定及讨论；

(5)学习本实验的测试技术并分析采样频率对实验结果的影响。

## 2. 实验原理

压气机的工作过程可以用示功图表示。示功图反映的是气缸中的气体压力随体积变化的情况,本实验的核心是采用现代测试技术测定实际压气机的示功图。实验中采用压力传感器测定气缸内压力,用接近开关确定压气机活塞的位置。当实验系统正常运行后,接近开关产生一脉冲信号,数据采集板在该脉冲信号的激励下,以预定的频率采集压力信号,下一个脉冲信号产生时,计算机中断压力信号的采集并将采集数据存盘。显然,接近开关两次脉冲信号之间的时间间隔刚好对应活塞在气缸中往返运行一次(一个周期),在此期间压气机完成了膨胀、吸气、压缩及排气四个过程。

实验测量得到压气机示功图后,根据工程热力学原理,可进一步确定压气机中气体膨胀和压缩过程的过程方程及压气机耗功等。

此外,通过调节储气罐上节气阀的开度,可改变压气机排气压力,实现变工况测量。采样频率的改变通过采集处理软件实现。

## 3. 实验装置

实验装置简图如图 2-15 所示,主要由活塞式空气压缩机(包括压气机本体、电动机、皮带轮、储气罐及节气阀等)和测试系统(包括压力传感器、接近开关、采集板、计算机及直流稳压电源等)组成。

压气机为单缸单级立式微型压缩机。为了获得压气机工作过程的封闭示功图,对压气机气缸盖和皮带轮进行了改造,在缸盖上通过阀板中心开了一个直通气缸的小孔,安装导引管,并将压力传感器与其连接。另外在压气机的皮带轮上安装感应头,用接近开关产生曲轴转角所对应的活塞上死点的脉冲信号,上死点两次脉冲信号用来控制数据采集的始末,以达到压力和活塞位置两信号的同步。计算机采集板实时采集这两个信号,经过数据处理即可得到压气机的实际示功图。

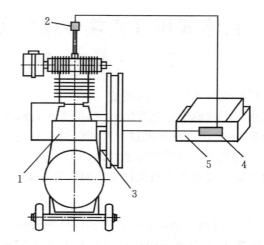

图 2-15  压气机实验装置简图

1—压气机;2—压力传感器;3—接近开关;4—数据采集板;5—计算机

实验采用的压力传感器为高精度隔离式硅传感器,测量范围为 0~1.60 MPa,测量精度为 0.2%,耐温可达 125℃。数据采集板为 PCL-812PG 多功能 DAS 卡,采样频率可调,最大采样频率为 100 kHz。

4. 实验步骤

(1)熟悉实验装置及实验方法;

(2)打开计算机进入测试状态;

(3)启动压气机,待排气压力达到 0.6 MPa 时,调节储气罐上的节气阀,使压力稳定在 0.6 MPa 左右;

(4)打开稳压电源,即启动了压力传感器及接近开关,然后操作计算机进行数据采集、显示及处理,并对实测的压气机 $p$-$V$ 图进行讨论;

(5)调节节气阀开度,改变排气压力(升高或降低)并使其稳定,进行变工况实验测定;

(6)改变采样频率进行测定,分析讨论采样频率的影响;

(7)实验完毕,先关闭稳压电源,再关闭压气机及计算机电源。

5. 实验报告内容

(1)说明实验目的、原理和装置。

(2)根据实验结果,说明活塞式压气机工作过程由哪几个热力过程组成?并结合图示说明。

(3)实测压气机示功图($p$-$V$ 图)与理论示功图有什么不同?为什么?

(4)如何从实测的 $p$-$V$ 图求出过程方程式?

(5)能否从实测结果求出压气机耗功及容积效率?

(6)说明压气机变工况测量结果。

6.思考题

(1)在实际的压气机工作过程中,过程指数是定值还是变值? 为什么?

(2)压缩过程指数与余隙容积膨胀过程指数是否相同? 为什么?

(3)压缩过程指数是大一些好,还是小一些好?

(4)膨胀过程指数的大小对耗功及排气量有无影响?

(5)通过本实验你有哪些收获? 你还有什么想法和建议?

# 第二部分　流体力学实验

# 第 3 章  实验设备

## 3.1  压强测量

### 3.1.1  概述

压强是流体力学的重要物理量之一,工程技术中的压力对应物理学中的压强。所谓压强是指"垂直作用在物体单位面积上的力"。

在国际单位制中,压强的单位是"帕斯卡",简称"帕",符号为 Pa。$1Pa = 1N/m^2$,即 1 牛顿(N)力垂直均匀作用在 1 平方米($m^2$)面积上形成的压强值。实际中还可能使用到的压强单位有"工程大气压"($kgf/cm^2$)、"毫米水柱"($mmH_2O$)、"毫米汞柱"($mmHg$)等,各压强单位之间的换算关系如表 3-1 所示。

表 3-1  压强单位换算表

| 单位名称 | 帕/Pa | 巴/bar | 毫米水柱 /mmH$_2$O | 标准大气压 /atm | 工程大气压 /kgf·cm$^{-2}$ | 毫米汞柱 /mmHg |
|---|---|---|---|---|---|---|
| 1Pa | 1 | $1\times10^{-5}$ | 0.1019716 | $9.8692\times10^{-6}$ | $1.019716\times10^{-5}$ | $0.75006\times10^{-2}$ |
| 1 bar | $1\times10^5$ | 1 | $0.1019716\times10^5$ | 0.9869236 | 1.019716 | $0.75006\times10^3$ |
| 1mmH$_2$O | 9.80665 | $9.80665\times10^{-5}$ | 1 | $0.96784\times10^{-4}$ | $1\times10^{-4}$ | $0.73556\times10^{-1}$ |
| 1atm | 101325 | 1.01325 | $1.033227\times10^4$ | 1 | 1.03324 | $0.76\times10^3$ |
| 1kgf/cm$^2$ | $9.80665\times10^4$ | 0.980665 | $1\times10^4$ | 0.96784 | 1 | $0.73556\times10^3$ |
| 1mmHg | 133.3224 | $1.333224\times10^{-3}$ | 13.5951 | $1.316\times10^{-3}$ | $1.35951\times10^{-3}$ | 7 |

注:用液柱高度表示压强时,此压强与液柱的密度 $\rho$ 和重力加速度 $g$ 有关。在表 3-1 中,取重力加速度 $g_0 = 9.81 \ m/s^2$,水取 4℃时的密度 999.97 $kg/m^3$,水银取 0℃时的密度 13595.1 $kg/m^3$。

以不同的基准测量压强可获得绝对压强、计示压强和真空压强。

绝对压强也称为真实压强,是以绝对零压强或真空为基准计量的压强。

计示压强(表压强)简称表压,是指以当时当地大气压强为起点计算的压强。当所测量的系统压强等于当时当地的大气压强时,压强表的指针指零,即表压为零。

真空压强(真空度)是计示压强的负值。当被测系统绝对压强小于当时当地大气压强时,当时当地大气压强与系统绝对压强之差,称为真空压强。此时所用的测压仪表称为真空表。

绝对压强、计示压强与真空压强之间的关系如图 3-1 所示。

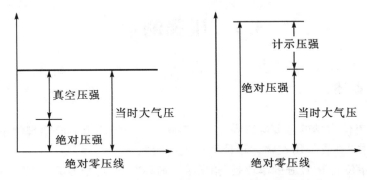

图 3-1　绝对压强、计示压强、真空压强之间的关系

由图 3-1 可知:

系统压强 $p >$ 大气压时,绝对压强＝大气压强＋计示压强

系统压强 $p <$ 大气压时,绝对压强＝大气压强－真空压强

真空压强越大,绝对压强越小。

压强测试设备主要有电容式压力传感器、应变式压力传感器、压电式压力传感器、液柱式压力计和机械式压力计。流体力学实验中主要使用电容式压力传感器和液柱式压力计。

## 3.1.2　电容式差压(压力)传感器

### 1.概念

电容式差压(压力)传感器是将被测压力通过传感器电容的变化转换成为与压力有一定关系的电流信号输出的精密测量仪器。电容式差压(压力)传感器结构简单、精确度高,具有可靠性高、体积小、重量轻等特点。

### 2.工作原理

电容式压力(差压)传感器由电容传感器、测量转换电路和通信器三部分组成,图 3-2 所示为 1151 型电容式压力(差压)传感器测量系统。其中,传感器主要部分是可变电容,结构如图 3-3 所示。

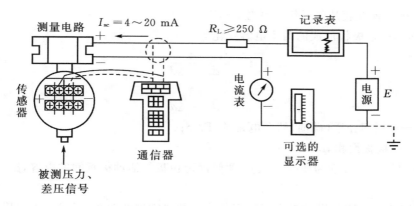

图 3 - 2   1151 型电容式压力(差压)传感器系统

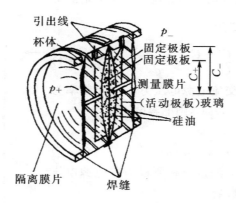

图 3 - 3   可变电容内部结构

测量压强时,测量膜片感受到由两侧隔离膜片和硅油传递来的被测压差,压差的大小记为 $\Delta p_x = p_+ - p_-$。测量膜片是一个金属弹性元件,作为电容 $C_+$、$C_-$ 的活动极板,其两侧是两个固定极板(也可用于过载保护)。三个极板在压差为零时呈对称状态,间距均为 $d_0$(约 1 mm)。当压差为 $\Delta p_x$ 时,活动极板向某方向偏移 $\Delta d$($<0.1$ mm),此时有

$$\Delta d = \frac{R^2}{4\sigma_0 h}\Delta p_x = K_1 \Delta p_x \tag{3-1}$$

式中:$\Delta d$——膜片中心半径处的位移,m;

    $R$——膜片最大半径,m;

    $h$——膜片厚度,m;

    $\sigma_0$——膜片安装时初始张力(径向预紧应力),N;

$K_1$——弹性膜片的灵敏度系数,m/Pa。

此时,三个极板形成的两个电容变化为

$$C_+ = \frac{\varepsilon A}{d_0 + \Delta d} \tag{3-2}$$

$$C_- = \frac{\varepsilon A}{d_0 - \Delta d} \tag{3-3}$$

式中:$\varepsilon$——板间介质(硅油)的介电常数,F/m;

$A$——极板面积,$\text{m}^2$;

$C_+$、$C_-$——分别为压强 $p_+$、$p_-$ 两侧固定极板与活动极板间的电容,F。

采用差动电容的设计是为了提高传感器的灵敏度并改善非线性;而采用"相对差动"电容则可忽略极板面积与介电常数对测量的影响,"相对差动"电容$\frac{\Delta C}{C}$为

$$\frac{\Delta C}{C} = \frac{C_- - C_+}{C_- + C_+} = \frac{\Delta d}{d_0} \tag{3-4}$$

如图 3-4 所示,若令交流电源电压为 $e$,电角频率为 $\omega$,电容的容抗为 $X_C = 1/\omega C$,则电容电流为

$$i_C = e/X_C = e\omega C \tag{3-5}$$

可利用"相对差动"的方法进行检测以消除电源电压及电角频率对测量的影响

$$\frac{i_- - i_+}{i_- + i_+} = \frac{e\omega C_- - e\omega C_+}{e\omega C_- + e\omega C_+} = \frac{C_- - C_+}{C_- + C_+} = \frac{\Delta d}{d_0}$$

$$i_- - i_+ = (i_+ + i_+) \frac{\Delta d}{d_0} = (i_+ + i_+) \frac{K_1}{d_0} \Delta p_x = K_2 \Delta p_x$$
$$\tag{3-6}$$

图 3-4 差动电容电路图

式(3-6)成立的条件是初始电流($i_1 + i_2$)为常数。

**3.测量转换电路**

图 3-5 是电容式压力(差压)传感器测量电路中的振荡控制放大器线路,它是传感器测量电路的关键部分。

当电阻 $R_7 = R_6$ 时,其电压降为 $R_6(I''_1 + I'_2)$,该电压负向输入运算放大器 $IC_1$,并经过振荡器产生电流 $I''_1$ 和 $I'_2$。这是一个负反馈的闭合放大回路,通过控制负反馈强度可维持电流($I''_1 + I'_2$)不变,也是式(3-6)中($i_1 + i_2$)并入 $K_2$ 的要求。

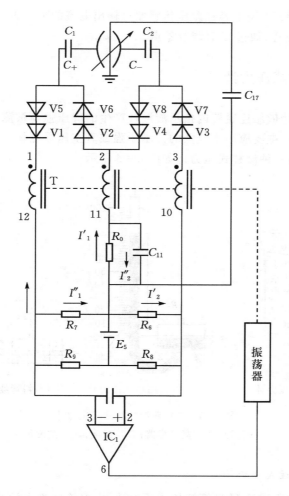

图 3-5　1151 型电容式压力传感器振荡控制放大器线路

　　流过电阻 $R_0$ 的电流分别是 $I'_1$ 和 $I''_2$（方向相反），在全周期内其电压降为 $R_0(I'_1 - I''_2)$，经过后续功放运算电路，可得下式

$$I_{SC} = k[R_0(I'_1 - I''_2) + C] \tag{3-7}$$

代入式（3-6）可得

$$I_{SC} = kR_0(I''_1 + I'_2)\frac{K_1}{d_0}\Delta p_x + kC \tag{3-8}$$

式中：$k$——后续功放电路的放大系数，mA/V；

　　$C$——在 $\Delta p_x = p_0$ 时，满足 $I_{SC} = 4$ mA 的固定可调电压，V。

式(3-8)为1151型电容式差压传感器总输出电流的最终表达式。其中,通过$k$值调节仪表的量程,通过$C$值调节零点。

### 3.1.3 液柱式压力计

液柱式压力计依靠连通器内指示液液柱产生的静压强与被测压强平衡进行测量,测量范围较小,主要应用于较低的计示压强或真空压强测量。液柱式压力计的种类很多,常用的三种液柱式压力计如图3-6所示。

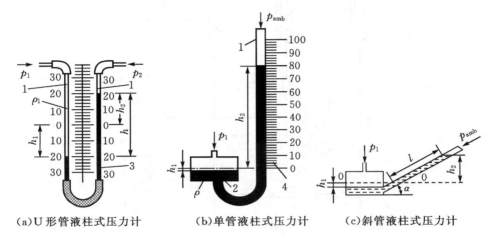

(a)U形管液柱式压力计　　(b)单管液柱式压力计　　(c)斜管液柱式压力计

图3-6　三种典型的液柱式压力计

1—肘管；2—宽口容器；3—封液；4—刻度尺

#### 1.U形管液柱式压力计

参考图3-7所示的U形管液柱式压力计,根据流体静力学原理,连通容器中的同种液体在同一水平面的压强相等,此平面称为等压面。若连通容器中液体表面上的传压介质是气体,则被测压差的大小为

$$\Delta p = \Delta h \rho g \qquad (3-9)$$

式中:$\Delta p$——被测压差,Pa;

$\Delta h$——液柱高度差,m;

$\rho$——平衡液体密度,kg/m³;

$g$——重力加速度,9.81 m/s²。

若传压介质不是气体而是另外一种液体,其密度为$\rho_1$,则须用$(\rho-\rho_1)$代替公式中的$\rho$。

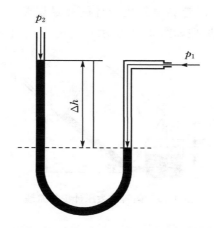

图 3-7  U形管液柱式压力计工作原理

U 型管内径一般为 5～20 mm。但为了减小毛细现象对测量精度的影响,内径最好不小于10 mm。一般使用水、汞、甘油、乙醇、四氯化碳等作为管内示液。

### 2.单管液柱式压力计

单管压力计将 U 型管的一侧变成为宽口容器,当细管内指示液液位变化时,宽口容器内的液位几乎不变,读数时只需读取细管内指示液的液位变化。

单管液柱式压力计工作原理如图 3-8 所示,被测压差的大小为

$$\Delta p = \Delta h\rho g = (h_1 + h_2)\rho g \qquad (3-10)$$

由于 $h_2$ 非常小可忽略不计,因此上式可改写成如下形式

$$\Delta p = h_1\rho g \qquad (3-11)$$

如果考虑 $h_2$,由于 $h_1 A_1 = h_2 A_2$,上式可写成

$$\Delta p = h_1(1 + \frac{A_1}{A_2})\rho g \qquad (3-12)$$

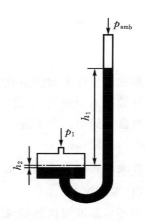

图 3-8  单管液柱式压力计工作原理

式中:$A_1$、$A_2$——分别为细管和宽口容器的截面积。这样只需根据 $h_1$ 的读数就可测得压差,其读数误差较小。

### 3.倾斜式微压计

当被测压差很小时,由压差引起的液柱高度变化很小,这样会造成很大的读数

相对误差。为了减少 U 形管和单管压力计的测量误差,人们发明了倾斜式微压计。倾斜式微压计工作原理如图 3-9 所示。

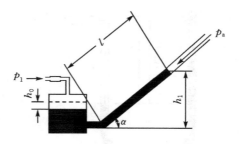

图 3-9　倾斜式微压计工作原理

在测量同样大小的压强时,原本垂直方向的液柱高度 $h_1$ 在倾斜管中变为 $l$,由于 $h_1 = l\sin\alpha < l$,因而同等压强时倾斜式微压计的读数由 $h_1$ 放大到 $l$,减少了读数太小引起的相对误差,提高了测量精度。

倾斜式微压计的表达式为

$$\Delta p = l(\sin\alpha + \frac{A_1}{A_2})\rho g = K \cdot l \tag{3-13}$$

其中

$$K = (\sin\alpha + \frac{A_1}{A_2})\rho g \tag{3-14}$$

是倾斜式微压计灵敏度系数的倒数。倾角 $\alpha$ 越小,$\sin\alpha$ 就越小,则 $K$ 值越小,由此测压灵敏度 $K^{-1}$ 越大,对应的放大倍数也就越大。不同 $\alpha$ 下的 $K$ 值已经直接在仪表读数盘上标出。为了进一步提高测量精度,倾斜式微压计的指示液一般使用密度较小的酒精。

4. 液柱式压力计的误差

(1)温度误差。

当环境温度与仪器的规定使用温度不一致时,指示液密度和标尺长度都会发生变化,引起测量误差。

(2)重力加速度误差。

由于灵敏度系数牵涉到重力加速度,仪器使用时和标定时的重力加速度不同,也将带来压强测量误差。

(3)毛细现象误差。

液柱式压力计的管径较细,毛细现象会使指示液表面发生弯曲,液柱产生额外的升降,从而造成液柱高度的读数误差。这种误差与液体种类、玻璃管内径、内管壁洁净程度和环境温度等因素有关,难于精确计算。减小毛细现象的方法是增大测压玻璃管内径。当指示液为酒精时,测压玻璃管内径应大于或等于 3 mm;当指示液为水或水银时,测压玻璃管内径应大于或等于 8 mm。

　　液柱式压力计还存在刻度、读数、安装等方面的误差。U 形管压力计和单管压力计要求垂直安装;倾斜式微压计使用前要求调水平,液柱高度必须调零。

# 3.2 流量测量

所谓流量,是指单位时间内流经封闭管道或设备过流断面的流体量,又称瞬时流量。流量代表设备的工作状况,是生产过程中必须测量及控制的参数之一。连续监测流体的流量对热力设备的安全、经济运行及能源管理具有重要意义。

## 3.2.1 概述

### 1.流量种类及其关系

流量一般可分为体积流量和质量流量。体积流量是单位时间通过过流断面的流体体积,用 $Q$ 表示,单位为 m³/s(工程上也常常采用 m³/h,cm³/s,l/min);质量流量是单位时间通过过流断面的流体质量,用 $\dot{m}$ 表示,单位为 kg/s(工程上也常常采用 kg/h,t/h)。

因不同温度和压强下的流体密度不同,当给出体积流量时,应指明流体的工作密度,因此在国际交流及资料、刊物中一般使用质量流量。

### 2.流量测量方法的分类

流量测量对象可以是液体、气体或多相状态流体,其流动特性有速度、差压、容积、质量、离心力、阻力、旋涡、散热、超声传播速度等等,因此流量测量方法种类繁多,主要有以下几种。

(1)容积式流量计。

容积式流量计通过仪表壳体中不停转动的、具有计量容积的转子计数来测定体积流量。流体流量越大,转子转速越快。这类流量仪表有椭圆齿轮流量计、腰轮(罗茨)流量计和旋转活塞式流量计。

(2)速度式流量计。

速度式流量计通过测量流体在管道各截面微元 d$A$ 上的流速 $v$ 来获得通过各截面微小面积的微小流量

$$dQ = v \cdot dA \qquad (3-15)$$

流过管道整个截面的体积流量为

$$Q = \int_A v \cdot dA \qquad (3-16)$$

常用的速度式流量计有涡轮流量计、旋涡流量计、超声流量计、电磁流量计、热式流量计。

(3)差压式流量计。

差压式流量计根据伯努利方程中流体压差与流速成一定关系的原理，通过测量差压大小来确定流量。

### 3.2.2 涡轮流量计

涡轮流量计是一种速度式流量测量设备，通过测量位于流体中的涡轮转速获得流速，进而得到流体流量。涡轮流量计由涡轮流量传感器（包括前置放大器）和流量积算仪组成，可用于测量瞬时流量和累积流量。由于是数字信号输出，因此易于与计算机联用，参与流量的控制和管理。涡轮流量计的原理如图 3-10 所示。

图 3-10　涡轮流量计原理图

#### 1. 涡轮流量计的结构

涡轮流量计主要由涡轮、永久磁铁和感应线圈等组成，其结构如图 3-11 所示。在非导磁不锈钢壳体 5 的前端固定一导流器 6，其上沿径向安装了四个互相垂直的直叶片，用于去除流入流体的旋涡，使流束平行且与轴线一致。导流器后端与支承 2 上分别安装了高纯度石墨轴承。轴承上安置导磁性良好的不锈钢涡轮 1，涡轮叶片制成螺旋形，以承受流体冲击。壳体后部固定了一个后向导流器。壳体外部正对涡轮 1 处为电磁感应线圈 4，感应线圈中间为永久磁铁 3。

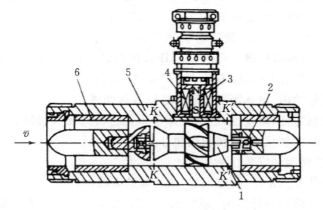

图 3-11　涡轮流量计的结构

1—涡轮；2—支承；3—永久磁铁；4—感应线圈；5—壳体；6—导流器

2.涡轮流量计的工作原理

当被测流体流经涡轮时,涡轮受流体冲击旋转,此时叶片会周期性地改变磁路中的磁阻,导致磁路中磁通量发生交变变化,进而在线圈中感应出交变电动势。将交变电动势的脉冲频率取出,经过前置放大,送入数字式流量仪表,即可读出流量。

可以证明,交变电动势的脉冲频率为

$$f = \frac{z\tan\theta}{2\pi rA}Q = \xi \cdot Q \qquad (3-17)$$

式中:$r$——叶轮平均半径,m;

$n$——叶轮转速,r/s;

$\theta$——叶片倾角,rad;

$z$——涡轮叶片数;

$A$——流量计有效面积,$m^2$。

由式(3-17)可见,涡轮流量计的输出电脉冲频率 $f$ 与被测流体的体积流量 $Q$ 成正比。通过前置放大和脉冲计数就可以获得数字式流量值。

理论上,仪表常数 $\xi$ 仅与仪表结构有关,但实际上 $\xi$ 值受很多因素的影响。轴与轴承之间的摩擦力矩、电磁阻力矩、涡轮与流体之间粘性摩擦阻力矩以及流体流速沿管道截面分布不同等都会使 $\xi$ 发生变化。仪表常数 $\xi$ 应在仪表标定时给出,并应在给出的最大流量 $Q_{max}$ 与最小流量 $Q_{min}$ 之间。在量程范围内,$\xi$ 通常为常数。

3.涡轮流量计的特点

涡轮流量计(包括前置放大器)具有下列性能:

(1)仪表精度高,可达±0.5%或0.2%(计量用);

(2)量程比大,$Q_{max}/Q_{min} = 6\sim10$;

(3)惯性小,反应快,时间常数为1~50 ms;

(4)耐高压,被测流体静压可达 50 MPa;使用温度在 −20 ℃~120 ℃,最高温度可达 200 ℃;压强损失小,$\delta p$ 仅为 0.01~0.1 MPa;

(5)数字信号输出,可远距离传送和进行数据处理;

(6)安装维修方便,耐腐蚀,适用流体很多,如汽油、煤油、轻油、丙烷、天然气、乙烯、氨气、氧气、二氧化碳、酒精和醋酸等。

涡轮流量计使用和安装注意事项:

(1)要求流体介质洁净,不带颗粒,仪表前装有滤网;

(2)仪表使用前进行标定时,最好采用实际流体来确定仪表常数 $\xi$,也可用粘性系数和密度接近实际流体的流体代替;

(3)使用仪表时要求前、后有直管段,长度至少分别为管道直径的 10 倍与 5

倍；水平管段安装；仪表进、出口不能装反；

（4）为确保运行中可以方便地检修仪表，应装有前后截止阀和旁路阀。

### 3.2.3 标准孔板流量计

标准孔板流量计方便可靠、制造简单，是工业上广泛应用的一种流量计。国际（ISO5167—1）和国内（GB/T2624—93）都制定了相应标准规定，其应用技术已非常成熟。

孔板流量计系统由节流装置、传压管路和差压计等仪表组成。

#### 1. 节流测量原理

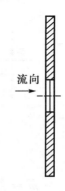

标准孔板如图 3 - 12 所示。在管道内装入节流件后，不可压缩流体流过节流件时流束收缩，于是在节流件前后产生压差。节流件前后的差压 $\Delta p$ 随被测流量 $\dot{m}$ 的变化而变化，两者之间具有确定的关系。因此，可通过测量节流前后的差压获得流量。

流体流过孔板时的压强及流速变化如图 3 - 13 所示。流体在截面 1 时未受节流件影响，流束充满管道，直径为 $D$，压强为 $p'_1$，平均流速为 $\bar{v}_1$。

流向→

图 3 - 12　标准孔板

截面 2 是节流件后流束收缩为最小的截面，位于流出孔板之后，流束最小直径为 $d'$。流体从截面 1 流到截面 2，流速由 $\bar{v}_1$ 升至 $\bar{v}_2$（动能增加），静压由 $p'_1$ 下降至 $p'_2$（压力能降低）。因此，取压点 1、2 的压差 $p_+ - p_-$ 将随流速的增大而增大，即当被测流量 $\dot{m}$ 增加时，输出差压 $\Delta p$ 也将增加。

截面 3 是流束渐扩后充满管道的截面。该截面上静压为 $p_3$（$p_3 < p'_1$），$\delta p = p'_1 - p_3$ 为压强损失。采用孔板流量计测量流量时 $\delta p$ 较大。

设流经水平管道的流体为不可压缩性流体，流体密度为 $\rho$，忽略流动阻力损失，对截面 1 和截面 2 可列出伯努利方程及连续方程如下

$$\begin{cases} \dfrac{p'_1}{\rho} + \dfrac{\bar{v}_1^2}{2} = \dfrac{p'_2}{\rho} + \dfrac{\bar{v}_2^2}{2} \\ \rho \dfrac{\pi}{4} D^2 \bar{v}_1 = \rho \dfrac{\pi}{4} d'^2 \bar{v}_2 \end{cases} \tag{3-18}$$

联立求解方程（3-18）可得

$$\bar{v}_2 = \sqrt{\dfrac{1}{1 - \left(\dfrac{d'}{D}\right)^4}} \sqrt{\dfrac{2(p'_1 - p'_2)}{\rho}} \tag{3-19}$$

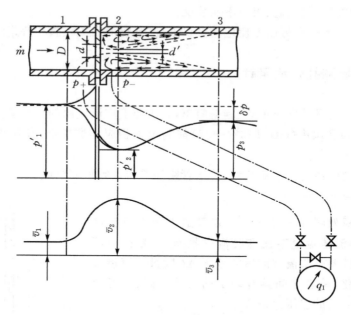

图 3-13 流体流过孔板时的压强及流速变化

$$\dot{m} = \frac{\pi}{4}d'^2\rho\bar{v}_2 = \sqrt{\frac{1}{1-\left(\dfrac{d'}{D}\right)^4}}\frac{\pi}{4}d'^2\rho\sqrt{\frac{2(p'_1-p'_2)}{\rho}} \qquad (3-20)$$

2.实际应用中需考虑以下情况

(1)用测得的压差 $\Delta p$ 代替上式中的 $p'_1-p'_2$；

(2)用孔板实际开孔尺寸 $d$ 代替上式中 $d'$；

(3)用直径比 $\beta=d/D$ 代替上式中的 $d'/D$；

(4)流体流动时存在摩擦、旋涡等损失,可引入流量系数 $C$ 加以修正,则上式改写为

$$\dot{m} = \frac{C}{\sqrt{1-\beta^4}}\frac{\pi}{4}d^2\sqrt{2\rho\cdot\Delta p} \qquad (3-21)$$

确定流量系数 $C$ 的过程即为流量计标定。

标准孔板只适用于测量圆形管道中单相均质流体的流量。要求流体充满管道,在节流件前、后一定距离内不发生相变或析出杂质,流速小于音速,流动属于非脉动流,流体在流过节流件前的流束与管道轴线平行,不得有旋涡。

标准孔板的取压方式有角接取压法和法兰取压法两种(见图 3-14)。其中角接取压法又分为环室取压法和单独钻孔取压法,其适用范围如表 3-2 所示。

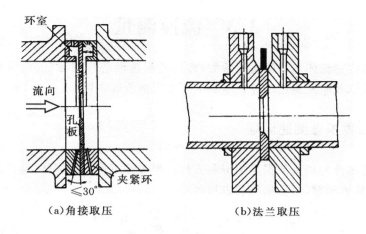

图 3-14 标准孔板的取压方式

表 3-2 标准孔板节流装置的适用范围

| 节流件型式 | 取压方式 | 适用管道内径 /mm | 直径比 $\beta$ | 雷诺数 $Re_D$ |
|---|---|---|---|---|
| 标准孔板 | 角接取压 | 50～1000 | 0.22～0.80 | $5 \times 10^3 \sim 10^7$ |
| | 法兰取压 | 50～760 | 0.20～0.75 | $8 \times 10^3 \sim 10^7$ |

# 3.3 流速测量

流速是描述流体运动的重要参数,常用的测速设备有测压管、热线风速仪、超声波测速仪以及激光测速仪等。本节主要介绍测压管测速。

## 3.3.1 测压管测速原理

测压管测速的理论依据是伯努利方程。当无粘不可压缩流体(理想流体、密度不变)作定常流动时,根据伯努利方程有

$$\frac{v_1^2}{2g} + \frac{p_1}{\rho g} + z_1 = \frac{v_2^2}{2g} + \frac{p_2}{\rho g} + z_2 = C \qquad (3-22)$$

流体绕流过物体表面时,会在物体表面的某些点完全停滞,速度减小为零,此时的压强称为滞止压强,也称总压强。

当流体绕过物体表面流动时,管道侧壁上连接的测压管测得的压强为静压强。对于运动流体而言,静压可用垂直于流体运动方向单位面积上的作用力来衡量。

总压与静压之差称为动压。

由式(3-22)可知总压与静压之间的关系为

$$p_0 = p_s + \frac{\rho v^2}{2} \qquad (3-23)$$

式中:$p_0$——流体总压,Pa;

$p_s$——流体静压,Pa;

$\rho$——流体密度,kg/m³;

$v$——流体流速,m/s。

由此可得流体的流速为

$$v = \sqrt{\frac{2}{\rho}(p_0 - p_s)} \qquad (3-24)$$

在用测压管测量流速时,涉及到压强系数和临界点两个概念。压强系数是无量纲量,定义式为

$$K_p = \frac{p - p_s}{\frac{1}{2}\rho v^2} \qquad (3-25)$$

式中:$p$——流体任一点的压强,Pa;

$p_s$——来流静压,Pa;

$v$——流体未受扰动时的速度,m/s。

图 3-15 是不同形状的绕流物体表面压强系数分布。

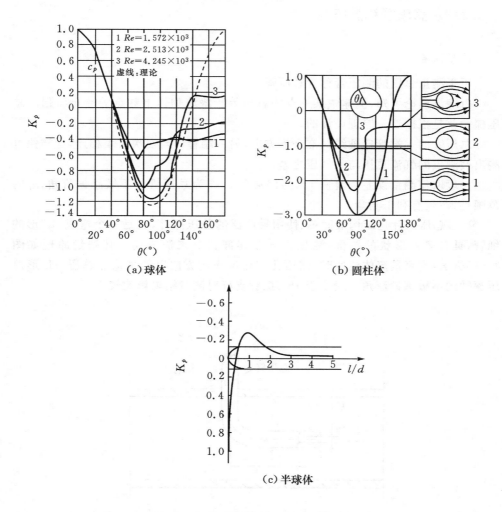

图 3-15　绕流物体表面压强系数分布

由图 3-15 可知,在绕流物体上总存在流体速度为零的一些点,称为驻点,其压强为滞止压强。在驻点处,压强系数 $K_p = 1$;此外,在绕流物体表面上也存在压强等于来流静压强的点,其压强系数 $K_p = 0$。找到物体上 $K_p = 1$ 和 $K_p = 0$ 的点,测出其压强,即可根据式(3-24)求出流体的流速。

流体力学实验使用总压管和静压孔测量空气流速。

### 3.3.2　总压管和静压孔

**1. 总压管**

用于测量总压的测压管称为总压管。

由绕流理论可知,流体中某一点的总压等于绕流物体上驻点的滞止压强。总压探针就是根据这一原理设计的。

总压管的一端管口轴线对准来流方向,另一端管口与二次仪表相连,这样便可测出被测点的气流总压与大气压之差。

一般取使测量误差为流速1%的偏流角 $\alpha_p$ 作为总压管的不敏感偏流角,$\alpha_p$ 的范围越大,越有利于测量。

L形总压探针是结构最简单、使用最广泛的总压探针,它是一个弯成"L"形的细管,具有多种形状的头部,测压孔开在端部正对来流方向。其测量原理如图 3-16所示,当测量流体流速时,测压孔应对准来流方向以测量该点总压。L形总压探针的不敏感偏流角一般小于 15°,探针支杆对测量结果影响较小。

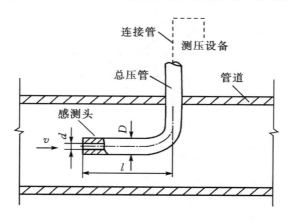

图 3-16　L形总压探针测量流速的原理

**2. 静压孔**

测量绕流物体表面或流道壁面某点压力时,可利用在通道壁面或绕流物体表面开静压孔的方法进行。

测量流道壁面静压力时,测压孔应开在直线管壁上;测压孔轴线应与壁面垂直,其直径为 0.5 mm 左右,最大不应超过 1.5 mm,测孔边缘应整齐、光洁。

# 第4章 流体力学演示实验

## 4.1 静水压强演示实验

### 4.1.1 实验目的

(1) 了解静水压强分布规律;

(2) 观察装有不同工作介质的 U 型管测压计在测量同一压强时的液柱高度区别;

(3) 了解斜管微压计工作原理并掌握其使用方法。

### 4.1.2 实验原理

重力作用下,处于静止状态的不可压缩流体的压强分布的基本方程为

$$z + \frac{p}{\rho g} = 常数 \qquad (4-1)$$

式中:$\rho$——密度;

$g$——重力加速度。

对于有自由面的液体,设自由面处压强为 $p_0$,则液面下深度为 $h$ 处的液体静压强为

$$p = p_0 + \rho g h \qquad (4-2)$$

表压 $p_m$ 是液体内部任一点的静压强 $p$ 与当地大气压 $p_a$ 之差

$$p_m = p - p_a \qquad (4-3)$$

其大小可通过从该点同一高度引出的测压管进行测量

$$p_m = \rho g h \qquad (4-4)$$

或以测压管内液柱高度表示表压强值

$$h = \frac{p_m}{\rho g} \qquad (4-5)$$

图 4-1 中,$x$—$x$ 平面两点压强差可以用 U 型管测压计液柱高度差表示

$$\Delta h = \frac{p_1 - p_2}{(\rho' - \rho)g} \qquad (4-6)$$

式中：$\rho'$——U 型管内指示液的密度；

$\rho$——被测压液体的密度。

### 4.1.3  实验装置

静水压强演示实验系统如图 4-1 所示，包括加压气球、加压容器、测压计以及指示液（分别为酒精、煤油和水银），与加压容器相连的 U 型管。

做实验时，通过挤压加压气球给加压容器施加一定压力，压力通过连接管传递到测压计，使测压计内指示液高度发生变化。观察 U 型管④、⑤、⑥内不同密度指示液高度变化的差异，了解静水压强分布规律。改变测压计②的倾斜角度，观察在同一压力作用下管内指示液长度的变化，了解斜管微压计工作原理。

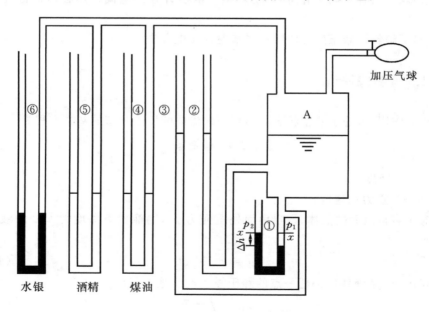

图 4-1  静水压强演示实验系统

### 4.1.4  观  察

1.静止状态

静止状态时，图 4-1 中各测压计和容器均与大气相通，自由液面的表压为零。

此时,请观察:

(1)测压计②、③的液面与容器 A 中的液面处于同一水平面;

(2)U 型管测压计④、⑤、⑥中的工作介质各自处于平衡状态,即 U 型管两端无压差;

(3)测压计①中,$\Delta h \neq 0$。

2. 用加压器给容器 A 加压后

请观察:

(1)测压计②、③的液面同时上升,并保持在同一高度;

(2)测压计④、⑤、⑥出现高度差,$\Delta h \neq 0$;

(3)测压计①的高度差增大。

3. 斜管微压计

请观察:

测压管③倾斜后,管内水柱长度随倾斜角的增大而增大,从而提高读数精度。

## 4.1.5  思考题

(1)测压计②、③的测孔位置不同,但它们的液面高度却相同,为什么?

(2)U 型管两边无压力则处于平衡状态,这个说法对吗?

(3)测压计④、⑤、⑥高度差不一样的原因是什么?

(4)斜管微压计有"放大"作用,是否意味着它改变了水柱的高度?

# 4.2 流动显示水槽演示实验

## 4.2.1 实验目的

在流动水槽中,通过氢气泡法来观察粘性流体平板边界层、卡门涡街等流场情况。

## 4.2.2 实验装置

本实验装置主要包括电机、水泵、流动显示水槽、金属丝以及方波发生器。图4-2为流动显示水槽示意图。

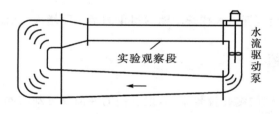

图 4-2 流动显示水槽

## 4.2.3 观 察

### 1.平板边界层

实验时,方波发生器产生具有一定频率的方波电流,电流流过横穿水槽的金属丝。当水流过金属丝时,水被电解,间歇产生的氢气泡与水一起流动,实验通过氢气泡的流动来显示水的流动状态,如图4-3所示。

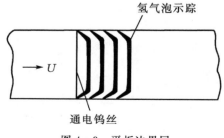

图 4-3 平板边界层

从本实验可以看出:在靠近两边板壁(平板)的地方,水流速度越来越慢,直至壁面处速度为零。这是壁面处粘性流体速度为零的真实反映。

2.卡门涡街

在流动显示水槽中,电极丝连续产生氢气泡,在其后方垂直插入一个圆柱体。如果流速适当,则圆柱体后方会周期性地交替产生一左一右的旋涡并脱落,从而在尾流中形成两列交替排列的旋涡(见图4-4),称为卡门涡街。由于旋涡的交替产生和脱落具有一定规律性,因此在研究工作和生产实际中都有应用,卡门涡街流量计就是典型的例子。

图4-4  卡门涡街

## 4.2.4  思考题

(1)哪个参数最能说明边界层的情况?
(2)边界层可以极薄直至消失吗?
(3)卡门涡街的脱落与哪几个因素有关?

# 4.3　雷诺实验

## 4.3.1　实验目的

通过观察玻璃圆管中的水流情况,形象地了解层流与紊流两种流态的特征,认识雷诺数在流态判别中的作用。

## 4.3.2　实验原理

流体的流态分为层流和紊流两种,与雷诺数有关。对于圆管流动,特征长度为管径 $d$,特征速度为平均流速 $V$,流体的运动粘性系数为 $\nu$,则雷诺数为

$$Re = \frac{Vd}{\nu} \tag{4-7}$$

调节水管出口阀门改变流速 $V$,使流动雷诺数 $Re$ 改变。通过观察红色显示液在管中的流动情况,了解不同流态的流动特征和 $Re$ 对流态的影响。

## 4.3.3　实验装置

雷诺演示实验系统如图 4-5 所示,主要包括恒压水箱、玻璃管道、调节阀门、红色显示液和针孔。

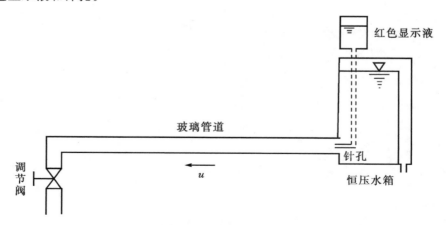

图 4-5　雷诺实验系统

实验时，首先打开调节阀，使恒压水箱内的水在玻璃管中流动；然后使红色显示液通过针孔流入玻璃管，以显示水的流动状态。调整阀门开度可改变水的流速，从而改变流动状态。

### 4.3.4　观　察

1. 层流状态

（1）通过有一定水头高度的恒压水箱给管路供水，同时使红色显示液流出针孔，可以看到红色显示液随水流一起流动。当水流速度较低时，红色显示液呈一条细直线，沿玻璃管轴线方向向前延伸，没有任何波动、弥散现象，这就是典型的层流状态。

（2）当圆管的一段充满红色显示液后，打开调节阀，使水在玻璃管中流动，此时可以看到在层流状态下管内沿管道横截面方向流体的流速分布为一抛物线形状。

2. 紊流状态

（1）再次打开调节出水阀，加大管道中水的流速，可以看到，当水流速度较高时，红色显示液在流出针孔后，随着水流速度的增加由波动发展成弥散，进而与周围水流完全混合，此即为紊流状态。

（2）由于流体处于紊流状态时，流体内动量交换迅速，此时沿管道横截面方向流体的流速分布是较为平坦的对数曲线形式。

### 4.3.5　思考题

（1）本实验装置只可能改变雷诺数中的哪几个参数？
（2）雷诺数是什么力与粘性力的度量？

# 4.4  烟风洞演示实验

## 4.4.1  实验目的

通过观察二元风洞内机翼模型周围流线的变化,了解机翼产生升力的原理,观察边界层及其分离情况和失速现象。

## 4.4.2  实验装置

图 4-6 为烟风洞实验系统示意图。实验系统包括发烟装置、排烟管、机翼模型、有机玻璃罩和抽风机。

实验时,首先打开发烟装置产生红色烟雾,然后打开抽风机,红色烟雾通过排烟管进入有机玻璃罩,掠过置于有机玻璃罩内的机翼模型表面,在机翼上、下表面产生烟气流线。

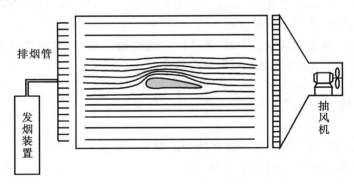

图 4-6  烟风洞实验系统示意图

## 4.4.3  观  察

1. 升力原理

在烟风洞中,机翼模型的翼弦方向为水平方向。当烟气流过机翼表面时,可以看到机翼上表面的流线(即烟线)比下表面要密一些,这说明在同样大小的空间通道中,机翼上表面的空气流速较大,根据伯努利方程,则机翼上表面的压强小于下表面压强。上、下机翼面的压差形成垂直于气流方向的合力,这就是升力。

2.边界层及其分离

改变机翼的攻角到某个位置,此时机翼前半部分的烟气仍沿机翼表面运动,而后半部分烟气流线已脱离机翼表面,这种情况称之为边界层分离。沿流动方向压力不断增大(存在逆压梯度),并且流体粘性不能忽略的区域就有可能产生边界层分离,本实验中机翼后半部分就属于这种情况。

3.失速现象

继续增大机翼攻角,可以看到机翼上部的分离点向前移动,当流线离开整个上表面时,则气流和机翼完全分离,这就是失速现象(见图4-7)。此时机翼上表面压强增大,飞机失去升力。

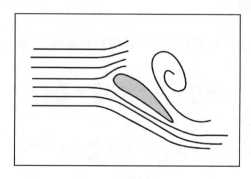

图4-7 机翼失速

### 4.4.4 思考题

(1)机翼运动速度不同时,失速攻角值是否变化?

(2)飞机在起飞和降落这两种过程中,哪一种更容易发生失速?

# 4.5　粘性流体伯努利方程演示实验

## 4.5.1　实验目的

观察水流通过收缩-扩大管道时，各管段的测压管水头线变化规律。熟悉用能量观点解释水流速度变化时各测压管水头线高度变化的原因，了解静压、总压和动压之间的关系。

## 4.5.2　实验原理

流过任意两缓变流过流断面的不可压缩粘性流体，仅在重力作用下的定常流动伯努利方程为

$$z_1 + \frac{p_1}{\rho g} + \frac{v_1^2}{2g} = z_2 + \frac{p_2}{\rho g} + \frac{v_2^2}{2g} + h_f \tag{4-8}$$

以测压管水头表示

$$h_1 + \frac{v_1^2}{2g} = h_2 + \frac{v_2^2}{2g} + h_f \tag{4-9}$$

以总水头表示

$$H_1 = H_2 + h_f \tag{4-10}$$

## 4.5.3　实验装置

图 4-8 为粘性流体伯努利方程演示实验系统示意图。实验装置包括电机、水泵、上下水箱、阀门、管道（包括弯头、等截面直管道、变截面直管道）和测压管（包括总压管和静压管）。

实验时，先将阀门关闭，电机打开，水泵将水从下水箱送入上水箱。当上水箱水满后，将阀门打开，水通过管道流回下水箱，此时位于管道不同截面的总压管和静压管由于压力不同而具有不同的水头高度。

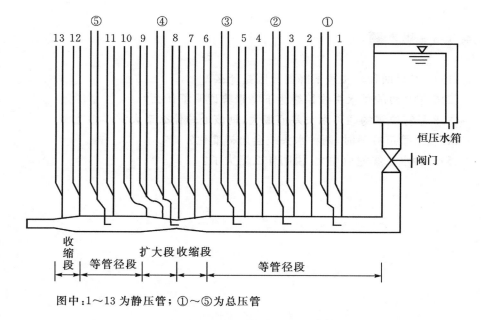

图中:1～13 为静压管;①～⑤为总压管

图 4-8　粘性流体伯努利方程演示实验系统图

## 4.5.4　观　察

1.静止状态(管内的水不流动)

此时所有测压管的水头高度与水箱水位高度相等,即测压管水头线等于总水头线。

2.水稳定流动

各测压管水头线及总水头线的变化如下:

(1)1—6 段:测压管水头线、总水头线以同样的斜率缓慢下降;

(2)6—8 段(收缩段):测压管水头线下降斜率明显增大,总水头线仍缓慢下降;

(3)8—10 段(扩大段):测压管水头线略有上升,总水头线较快下降;

(4)10—13 段:测压管水头线、总水头线变化规律同 1—6 段。

3.流量变化

随着流量的增加,两种水头线都会上升。虽然它们沿程分布的总趋势没有变化,但两种水头线的差值增大了。

### 4.5.5 思考题

(1)1—6 段两种水头线下降的原因是什么？

(2)6—10 段的总水头线始终为下降趋势说明了什么？

(3)8 号管位置的两种水头差值最大，则该处的什么最大？

(4)整个管道倾斜时，两种水头线会怎样变化？

(5)两种水头线差值增大，说明什么增大了？

# 4.6　动量定理演示实验

## 4.6.1　实验目的

通过测量射流流量以及射流冲击平板时所产生的总压力,验证定常流动的动量定理。

## 4.6.2　实验原理

定常流动的动量方程为

$$\rho Q(\vec{V}_1 - \vec{V}_2) = \sum \vec{F} \tag{4-11}$$

本实验条件下,只考虑垂直方向上的外力和动量变化率,因此方程为

$$\rho Q(V_2 - V_1) = -F \tag{4-12}$$

式中:$-F$ 表示水流对平板的推力。注意到 $V_2$ 为水流在平板表面上垂直方向的速度,碰撞后的一瞬间 $V_2 = 0$。设 $d$ 为喷嘴出口直径,根据流量与过流断面面积和平均流速的关系,得

$$V_1 = \frac{4Q}{\pi d^2} \tag{4-13}$$

因此,动量方程可写为

$$F = \rho \frac{4Q^2}{\pi d^2} \tag{4-14}$$

喷嘴出口直径 $d$ 和水流密度 $\rho$ 均为已知量,通过测量射流冲击在平板上的流量和总压力(分别从流量积算仪和测力称重传感器直接读出),就可比较计算值与测量值的差别,从而验证定常流动的动量方程。

## 4.6.3　实验装置

图 4-9 为动量定理演示实验系统示意图。实验系统由高位水箱、涡轮流量计、压力调节阀、流量积算仪、测力称重传感器、数字显示仪、喷嘴和圆平板等设备组成。

实验时,水从高位水箱流出,通过压力调节阀和涡轮流量计,最后从喷嘴喷出打到圆平板上,作用于圆平板一定的冲击力,最后流回回水池。涡轮流量计和流量

积算仪用于测量水的流量,数字显示仪用于显示流量,测力称重传感器用于测量水对圆平板的作用力,压力阀用于调节流量。

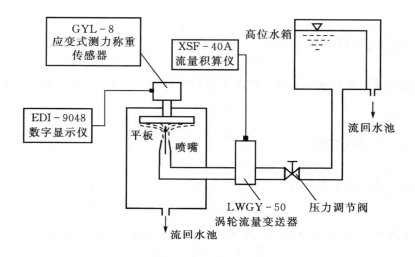

图 4-9　动量定理演示实验系统示意图

## 4.6.4　思考题

(1)逐渐开大管道阀门,流量和总压力将怎样变化?

(2)你认为圆平板的直径应满足什么条件?

(3)作用在水流上的大气压强的影响可以不予考虑,理由是什么?

# 4.7　水气比拟演示实验

## 4.7.1　实验目的

通过直接观察浅水表面波的传播特性,定性了解超音速气流中小扰动的传播特性,超音速气流中激波的气体动力学特性以及超音速喷管的变工况。

## 4.7.2　实验原理

描述明渠中浅水表面波(重力波)与气体中扰动波流动规律的微分方程相似。

## 4.7.3　实验装置

本实验的装置主要包括电机、水泵、流动显示水槽、不同形状的几何体。图4-10为水气比拟演示实验台示意图。

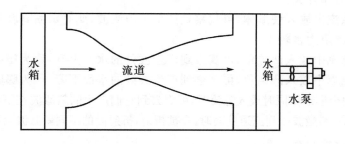

图4-10　水气比拟演示实验台示意图

## 4.7.4　观　察

在流道收缩段,水的流速较慢,称为缓流,用于比拟气体亚音速流动;在流道扩张段,水的流速较快,称为急流,用于比拟气体超音速流动;在流道喉部,水的流速称为水在当地的重力波传播速度,用于比拟气体的音速流动,如图4-11所示。

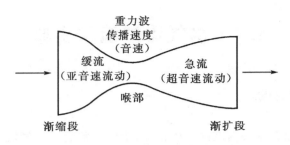

图4-11 水气比拟流道示意图

**1. 亚、超音速气流中小扰动的传播特性**

当水静止时,小扰动在水中的传播为同心圆;在缓流中,小扰动的传播为偏心圆;而在急流中,小扰动只能在马赫锥内传播。请通过实验观察各种不同流动状况下,小扰动的传播方式及范围。

**2. 超音速气流中激波的气体动力学特性**

在急流中放入几何体时会产生激波。

(1)在急流中放入圆柱体,观察圆柱体上游出现了一道垂直于来流并且水面高度变化很大(强度很大)的激波,这就是正激波。正激波前后参数发生突跃,由此产生的激波阻力非常大。

(2)在急流中放入楔形体,可观察到产生了斜激波,此时水面高度变化较小(强度较小),因此阻力也较小。

(3)在急流中放入凹钝角,可观察到产生波处的水面上升,称为压缩波。

(4)在急流中放入凸钝角,可观察到产生波处的水面下降,称为膨胀波。

(5)将两个楔形体同时放入急流时,可观察到它们产生的斜激波在下游相交,水面被进一步抬高;斜激波碰到流道壁面时,会被折射,折射后的不同斜激波会再次相交。

**3. 超音速喷管变工况**

当气体流出超音速喷管的尾部时,本身具有一定压强。通过实验可以观察到,当环境压强小于流体压强时,流体继续膨胀,在喷管尾部产生两道膨胀波;当环境压强大于流体压强时,流体被压缩,在喷管尾部会产生两道压缩波;进一步增大环境压强,喷管尾部会产生一道正激波;最后,正激波向喷管入口处移动,在缓流处消失。在实验中,通过在流道出口处加入挡板阻挡水的流动以改变流道出口处的环境压力。

### 4.7.5 思考题

为何流道的截面形状不是逐渐收缩而是先渐缩后渐扩?

# 第5章 流体力学综合实验

## 5.1 管路沿程阻力实验

### 5.1.1 实验目的

(1)寻求摩擦阻力系数 $f$ 与雷诺数 $Re$ 之间的函数关系,其函数关系如图 5-1 所示。

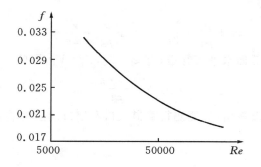

图 5-1 $f$ 与雷诺数 $Re$ 之间的函数关系

(2)了解实验设备和仪器。

### 5.1.2 实验原理

实际流体流经等截面直管道时,由于克服内摩擦力导致能量损失,这就是沿程阻力损失。管路沿程阻力损失的确定,是管道设计计算的主要课题之一。

沿程阻力损失 $h_L$ 与管道长度 $L$、管路直径 $d$(或管路的其他特征长度)、管壁粗糙度 $\Delta$、流体密度 $\rho$、动力粘性系数 $\mu$ 以及流体平均速度 $V$ 有关,即

$$h_L = f(L, d, \Delta, \rho, \mu, V) \tag{5-1}$$

这一函数关系尚不能采用理论分析获得,只能通过实验解决。根据量纲分析法,上述水力损失关系式可写为

$$h_L = f \frac{L}{d} \frac{V^2}{2g} \qquad (5-2)$$

其中,$f = f(Re, \Delta/d)$

$$Re = \frac{Vd}{\nu} \qquad (5-3)$$

$$\nu = \frac{\mu}{\rho} \qquad (5-4)$$

寻求 $f = f(Re, \Delta/d)$ 关系曲线是本实验的目的。

限于时间及设备,只能在确定的管道上进行实验,因此管壁粗糙度 $\Delta$ 及管径 $d$ 是固定的,即 $\Delta/d$ 是定值,本实验只能获得 $f = f(Re)$ 关系并对该函数关系式进行分析。

对于等截面水平直管道实验段入口 1 和出口 2,根据伯努利方程有

$$z_1 + \frac{p_1}{\rho g} + \frac{V_1^2}{2g} = z_2 + \frac{p_2}{\rho g} + \frac{V_2^2}{2g} + h_L \qquad (5-5)$$

由于管道是等截面水平直管道,有 $z_1 = z_2$,$V_1 = V_2$,因此

$$h_{L12} = \frac{p_1 - p_2}{\rho g} \qquad (5-6)$$

由式(5-6)可以看出,只要测得管道入口和出口的压强差,就可求得管路的沿程阻力损失。

由于

$$h_L = f \frac{l}{d} \frac{V^2}{2g} \qquad (5-7)$$

因此

$$f = h_L \frac{d}{L} \frac{2g}{V^2} \qquad (5-8)$$

求得 $f$ 后,再算出相应的 $Re$ 就可得到 $f = f(Re)$ 关系曲线。

### 5.1.3　设备与仪器

(1)实验段管道采用不锈钢。

(2)采用水银比压计和差压传感器测量实验段始、末端压差。

(3)采用三角堰测量流量,它由水槽及薄壁三角堰构成。当有流量为 $Q$ 的水流过三角堰口时,形成具有一定高度 $H$ 的堰上水头,通过数显高度尺先测出静水

面高度 $H_0$，再测出相应于流量 $Q$ 的测针读数 $H$，两者相减得到 $\Delta H$，然后通过 $Q-\Delta H$ 关系式（由实验室提供）即可求得 $Q$ 值。也可以用涡轮流量计直接测出 $Q$。

（4）采用配水阀将流量分配给需要的管道。

（5）实验管道内的流量利用调水阀来改变。

上述设备和仪器示意图如图 5-2 所示，此外实验室还备有温度计以及 $\nu - t$（运动粘性系数-温度）资料。

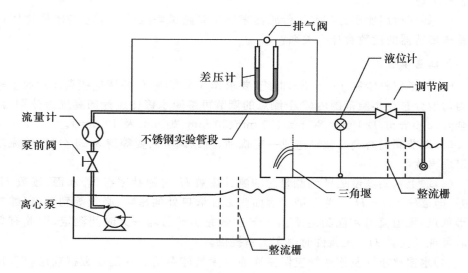

图 5-2　管路沿程阻力实验系统

## 5.1.4　实验步骤

（1）在启动水泵前将泵前阀和调节阀完全关闭。

（2）启动水泵后将泵前阀和调节阀完全打开，排出实验管路内的空气。

（3）将排气阀打开，排空水银比压计及连接管内的空气，并检查空气是否完全排空（调节阀关闭时，比压计压差为零说明空气排空）。

（4）通过控制调节阀的开关程度得到实验工况点，记录与水银比压计高度差相对应的实验数据。

（5）将泵前阀关死，然后关闭水泵。

### 5.1.5 实验需要预习的问题及注意事项

1. 预习问题

(1)为了求得 $f=f(Re)$ 的关系曲线,需要测量哪些量? 在我们的现有条件下该怎样测量?

(2)如何运用比压计和差压传感器来测量管路试验段的 $h_L$,$h_L$ 与水银比压计和差压传感器的读数有什么关系?

2. 注意事项

(1)为了完整绘制 $f=f(Re)$ 曲线,要求作 8 个实验点,并使这些点在对数坐标上均匀地分布在实验范围内(8 个测点的调节可参照水银比压计的高度差分别为:阀全开、200 mm、120 mm、80 mm、50 mm、30 mm、20 mm 及 10 mm)。

(2)调节阀门时会对流动造成一定扰动,所以调节后要等待 3～4 分钟,待流动稳定后再读数。

(3)堰上水头高度 $\Delta H$ 为测量时的测针读数 $H$ 与测针零点(静水面)读数 $H_0$ 之差,即 $\Delta H=H-H_0$。为了减少表面张力在堰口处的影响,必须等到堰口(即三角形顶点)无溢流时才能测定 $H_0$,一般在做完实验后隔一天时间测定,因此有条件时可现场测量 $H_0$,无条件时由实验室提供。

(4)水银比压计及连通管应保持连通且无气体存留。在测量数据前应打开比压计上的排气阀,将空气完全排空。空气是否排空直接影响实验数据的可靠程度。

(5)实验开始和结束之前应先将泵前阀关死。实验开始前若不关闭泵前阀,会导致泵的启动功率很大;实验结束前若不关闭泵前阀,管路中将发生水锤现象,压力突然升高,水银比压计承受的压差突然增大,导致设备损坏或水银溢出。

(6)所有待测的流量参数最后必须化为国际单位,例如流量单位是 $m^3/s$;高度单位是 m。

### 5.1.6 数据记录及整理

1. 数据记录

将实验数据记录在表 5-1 中。

实验段　　　　　长度 $L=$　　　　m

　　　　　　　　内径 $d=$　　　　m

三角堰　　　　　测针零点读数 $H_0=$　　　　mm

　　　　　　　　水温 $t=$　　　℃

表 5 - 1　沿程阻力实验数据记录

| 序号 | 水银比压计读数 | | 液位计读数 $H/mm$ | 差压变送器读数 $\Delta P/kPa$ | 涡轮流量计读数 $Q/(m^3 \cdot h^{-1})$ |
|---|---|---|---|---|---|
| | 读数 1 /mm | 读数 2 /mm | | | |
| 1 | | | | | |
| 2 | | | | | |
| 3 | | | | | |
| 4 | | | | | |
| 5 | | | | | |
| 6 | | | | | |
| 7 | | | | | |
| 8 | | | | | |

2. 实验结果计算

将实验计算结果填入表 5 - 2 中。

表 5 - 2　实验结果计算

| 序号 | 水头损失 $h_L/m$ | 流速 $V/m \cdot s^{-1}$ | 阻力系数 $f$ | 雷诺数 $Re$ | $\lg f$ | $\lg(Re)$ |
|---|---|---|---|---|---|---|
| 1 | | | | | | |
| 2 | | | | | | |
| 3 | | | | | | |
| 4 | | | | | | |
| 5 | | | | | | |
| 6 | | | | | | |
| 7 | | | | | | |
| 8 | | | | | | |

以 $\lg(Re)$ 为横坐标、$\lg f$ 为纵坐标，使用双对数坐标纸绘制 $f = f(Re)$ 图，坐标比例尺应与莫迪图相同，以便比较，然后进一步分析：

(1)图形是否能够以最简单的图线表示(例如直线)？如能表示，其方程如何？

(2)图形在哪些地方具有特殊性(例如：直线、水平线)？哪些地方发生变化？

(3)$f$ 在什么情况下等于常数($\Delta/d$ 一定)？其值是多少？

### 5.1.7　思考题

(1)比较实验所得结果与莫迪图的异同，并说明理由。

(2)$f = f(Re, \Delta/d)$ 的获得对计算管道的 $h_L$ 有何意义？我们应该如何运用？例如，已知 $d$、$\Delta$、$V$、$L$ 时，如何求取 $h_L$？

# 5.2 平板边界层内的流速分布实验

## 5.2.1 实验目的

(1)测定平板上离前缘某一定点处边界层内的流速分布及边界层厚度。
(2)通过对比实验曲线和计算曲线(见图5-3),确定边界层内流体流动状态。

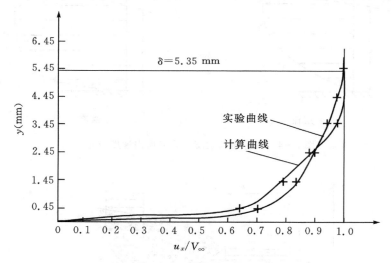

图5-3 边界层厚度的确定

## 5.2.2 实验原理

当高雷诺数流体绕物体流动时,由于流体粘性作用,与物体表面接触的流体速度为零,沿物面法线方向流体速度很快地增至主流速度,这层贴近物体表面、沿法向具有很大速度梯度的流动薄层,称为边界层。

在边界层内,由于速度梯度很大,所以不能忽略流体的粘性,即边界层内的流动应作为粘性流动看待。但在边界层外的流动由于粘性影响较小,可视作理想流体,这种处理方法大大简化了绕流问题的分析求解。

边界层内的流动是粘性流动,因此它同样存在两种流动状态:层流和紊流(以及介于这两种流态之间的过渡流态)。此外,对于弯曲表面或大攻角平板,由于绕流流动存在逆压力梯度,因此边界层还可能发生分离。分离的直接结果之一就是会引起另一类阻力:压差阻力。

边界层的流态如何以及是否存在边界层分离,决定了流体流动时阻力的大小,因而很有必要对边界层的流态和边界层分离问题进行研究。

在粘性流动中(如圆管内流动或近边壁处),层流速度分布的特点是不均匀且壁面速度梯度相对较小(见图 5-4(a)),紊流的速度分布较均匀且在边壁处梯度较大(见图 5-4(b)),过渡流态介于两者之间。对于绕流边界层,上述结论同样适用(见图 5-4),还可类似地确定分离点(见图 5-5)。

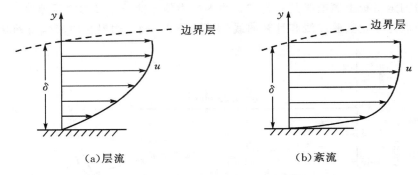

(a)层流                              (b)紊流

图 5-4  两种流动状态下边界层内速度分布

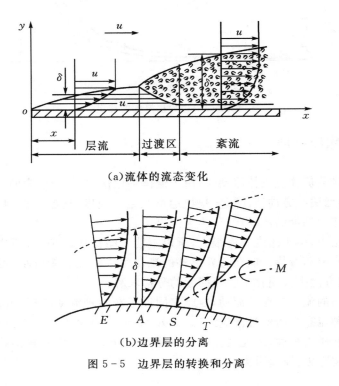

(a)流体的流态变化

(b)边界层的分离

图 5-5  边界层的转换和分离

通常，取物面到沿物面外法线速度达到外部势流速度 99% 处的距离作为边界层的厚度。因此由速度分布可以很容易地确定相应的边界层厚度。

在本实验中以平板为例，通过测定平板表面某法向截面上边界层速度分布及其厚度，获得关于边界层的感性认识并验证理论结果。

测定边界层的厚度及其流速分布是比较细致的工作，因为边界层很薄，并且厚度及流速分布随着到前缘距离 $x$ 的不同而变化，测量仪器位置稍有变动就会影响测量精度，故实验中须加注意。

图 5-6 为测定边界层厚度及流速分布的实验系统。在风洞实验段的中央安放平板模型（平板纵向与来流速度方向平行），平板上设置两个静压孔（连通后测得的即为平均值）。模型下装设两维坐标架，该坐标架可沿空间 $x$ 和 $y$ 方向进行调节，其顶端固定一根总压探针，探针管头端距平板前缘为 $x$。由于边界层内、外静压相同（即静压沿物面法线方向不发生变化，$\frac{\partial p}{\partial y}=0$），且对于顺流平板问题，静压沿流向也不发生变化（$\frac{\partial p}{\partial x}=0$），因此可以认为平板上各处静压均等于风洞实验段静压。

在流场某点处，将总压探针测得的总压与平板静压孔测得的静压同时连在一微压计上，测得的压差就是动压 $\Delta h$。由微压计或差压变送器分别测得总压和静压的读数后即能求出该点动压，进而确定该点速度 $u$

$$\frac{p_0}{\rho g}=\frac{p_1}{\rho g}+\frac{u^2}{2g}$$

$$u=\sqrt{\frac{2g(p_0-p_1)}{\rho g}}=\sqrt{\frac{2g\Delta h(\rho_水-\rho)}{\rho}} \qquad (5-9)$$

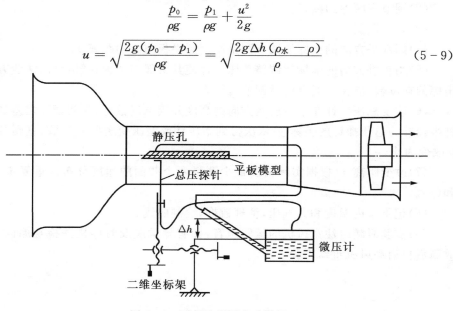

图 5-6 平板边界层实验装置

式中：$\Delta h$——微压计或差压变送器读数。

　　沿该点物面法线方向改变总压探针位置，即可测出边界层内不同高度的流速，并由此确定该截面边界层内的流速分布。

　　非常明显，当总压探针的高度增大到某值后，流速 $u$ 将和 $V_\infty$ 相差极微，此时微压计读数 $\Delta h$ 最大。以后，不论总压探针的高度如何增大，$\Delta h$ 都不会继续变化，这表明总压探针头部已达到边界层的外边界。边界层厚度的精确确定需要利用流速分布图。

　　对不同的距离 $x$ 重复上述步骤，可得相应的流速分布图及边界层厚度 $\sigma(x)$，在此基础上可确定不同距离处边界层流动状态。

### 5.2.3　仪器及设备

　　本实验系统使用的主要设备有：直流风洞、大气压强计、温度计、倾斜式微压计、差压变送器、平板模型、总压探针及两维坐标架。

### 5.2.4　实验步骤

　　(1)校正平板模型与气流平行。

　　(2)调节变频器的频率。

　　(3)启动风洞。

　　(4)用水平方向的坐标架调节测量截面到平板前缘的距离 $x$。

　　(5)用铅垂方向的坐标架调整总压探针使其头部与平板接触，读出法线方向上坐标的初读数(应在风洞启动后调节)。

　　(6)改变总压探针在平板法线方向的高度并读取读数，其与初读数之差加上探针半径即为总压探针的坐标 $y$；依次得到微压计或差压变送器的读数，直到其不随 $y$ 改变为止。

　　(7)改变距离 $x$(根据实际情况最少测量两个截面的速度分布)，重复步骤(5)和(6)。

　　(8)记下室内温度和大气压，整理数据，绘制曲线。

　　(9)实验时随时注意风机的运转声音，如有异常应及时停机并检查原因，排除故障后再启动风机重新实验。

## 5.2.5 实验需要预习的问题及注意事项

(1)实验前应检查总压探针和静压探针是否畅通。

(2)倾斜式微压计应预先调水平,玻璃管内液柱高度应事先调零。

(3)法线方向的起始高度为总压探针头部直径的一半。

(4)由于是吸入式风洞,整个流场的压力是真空度,数值越大,绝对压力越小。

## 5.2.6 数据记录及整理

(1)已知数据。

平板模型长×宽为 500 mm×700 mm;

风洞系数:$K = 1.08$,总压探针半径 $r = 0.45$ mm

(2)记录数据。

大气压强 $P_a =$ ____ Pa,大气温度 $t =$ ____ ℃

流场静压 $P_j =$ ____ Pa

(3)将实验数据和计算结果填在表 5-3 和表 5-4 中。

表 5-3 第一截面实验数据

| 距前缘 $x =$ ____ mm | | | 坐标初值 $y_0 =$ ____ mm | | |
|---|---|---|---|---|---|
| 雷诺数 $Re_x = \dfrac{V_\infty x}{\nu} =$ | | | 边界层厚度 $\sigma =$ ____ mm | | |
| 序号 | 边界层内距离 /mm | 微压计读数 $\Delta h_0$ /mmH$_2$O | 差压变送器读数 /Pa | 边界层内流速 $u$ /m·s$^{-1}$ | 速度比 $u/V_\infty$ |
| 1 | | | | | |
| 2 | | | | | |
| 3 | | | | | |
| 4 | | | | | |
| 5 | | | | | |
| 6 | | | | | |
| 7 | | | | | |
| 8 | | | | | |
| 9 | | | | | |
| 10 | | | | | |

表 5 - 4　第二截面实验数据

| 距前缘 $x=$　　　mm | | | 坐标初值 $y_0=$　　　mm | | |
|---|---|---|---|---|---|
| 雷诺数 $Re_x=\dfrac{V_\infty x}{\nu}=$ | | | 边界层厚度 $\sigma=$　　　mm | | |
| 序号 | 边界层内距离 /mm | 微压计读数 $\Delta h_0$ /mmH$_2$O | 差压变送器读数 /Pa | 边界层内流速 $u/\text{m} \cdot \text{s}^{-1}$ | 速度比 $u/V_\infty$ |
| 1 | | | | | |
| 2 | | | | | |
| 3 | | | | | |
| 4 | | | | | |
| 5 | | | | | |
| 6 | | | | | |
| 7 | | | | | |
| 8 | | | | | |
| 9 | | | | | |
| 10 | | | | | |

(4)绘出边界层速度分布曲线。

(5)流态分析。

①根据雷诺数判断流态(临界雷诺数 $Re_0 = 3 \times 10^5 \sim 3 \times 10^6$)。

②将实验测定的边界层厚度 $\sigma$ 与近似计算值进行比较,判断流态。

层流

$$\sigma = 5\sqrt{\frac{\nu x}{V_\infty}} \tag{5-10}$$

紊流

$$\sigma = 0.37\left(\frac{\nu}{V_\infty x}\right)^{1/5} x \tag{5-11}$$

③根据边界层内的流速分布判断流态

层流

$$u = \frac{V_\infty}{2\delta}\left(3y - \frac{y^3}{\delta^2}\right) \tag{5-12}$$

紊流

$$u = V_\infty \left(\frac{y}{\delta}\right)^{1/7} \tag{5-13}$$

## 5.2.7 思考题

（1）流体的流动状态受到哪些因素的影响？

（2）为何层流和紊流呈现不同的速度分布规律？

# 5.3 流量计校正实验

## 5.3.1 实验目的与要求

(1)分别用三角量水堰、涡轮流量计校正文丘里流量计和孔板流量计,实验测定流量计的流量系数;

(2)制作流量系数 $\mu$ 与雷诺数 $Re$ 关系曲线,如图 5-7 所示,并确定 $\mu$ 为常数的范围和数值。

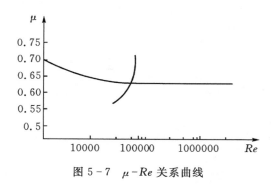

图 5-7　$\mu-Re$ 关系曲线

## 5.3.2 实验原理

文丘里管或孔板是常用的流量计,它们都是利用改变流道截面的方法使截面前后测压管水头差发生变化,通过测量测压管水头差计算流量。如果将流体视为理想流体,则有关系式

$$\begin{cases} \dfrac{p'_1}{\rho} + \dfrac{\overline{v}_1^2}{2} = \dfrac{p'_2}{\rho} + \dfrac{\overline{v}_2^2}{2} \\ \rho \dfrac{\pi}{4} D^2 \overline{v}_1 = \rho \dfrac{\pi}{4} d'^2 \overline{v}_2 \end{cases} \quad (5-14)$$

由式(5-14)可得

$$Q_r = \dfrac{\omega}{\sqrt{1 - \left(\dfrac{\omega}{\Omega}\right)^2}} \sqrt{2gH} \quad (5-15)$$

式中:$\Omega$——文丘里管或孔板所在管道的截面积,$m^2$;

　　　$\omega$——文丘里管喉部或孔板口的截面积,$m^2$;

　　　$H$——测压管水头差,m;

$g$——重力加速度，$m/s^2$。

实际流体都是有粘性的，考虑粘性影响后引入修正系数，即流量系数 $\mu$，于是实际流量为

$$Q_{实} = \mu \frac{\omega}{\sqrt{1 - \left(\dfrac{\omega}{\Omega}\right)^2}} \sqrt{2gH} \tag{5-16}$$

$$\mu = \frac{Q_{实}}{\dfrac{\omega}{\sqrt{1 - \left(\dfrac{\omega}{\Omega}\right)^2}} \sqrt{2gH}} \tag{5-17}$$

由于流量系数的引入考虑了粘性的影响，因此根据相似原理，流量系数为雷诺数的函数

$$\mu = f(Re) \tag{5-18}$$

$$Re = \frac{VD}{\nu} \tag{5-19}$$

$$V = \frac{4Q}{\pi D^2} \tag{5-20}$$

式中：$D$——管道直径，$m$。

## 5.3.3　设备及仪器

实验设备包括三角量水堰、涡轮流量计、压差传感器、水银比压计、文丘里流量计、孔板流量计、热电偶、水泵、数显高度尺、水箱等。实验管道布置如图 5-8 所

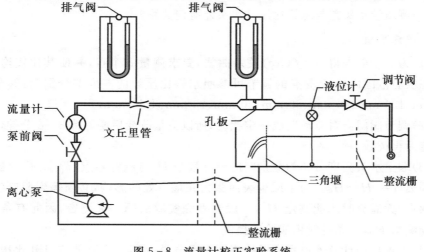

图 5-8　流量计校正实验系统

示,文丘里流量计与孔板流量计串接在管道上,水经管道流入三角量水堰内。

使用三角量水堰测量流量,当有流体以流量 $Q$ 流过堰口时,相应地有一定堰上水头高度 $H$,利用附带的数显高度尺测出 $H$ 值,然后可由 $Q-\Delta H$ 关系式(实验室提供)求得流量 $Q$。也可以直接采用涡轮流量计测出流量 $Q$。

采用水银比压计或差压变送器测量文丘里管或孔板上的测压管水头差。水温由热电偶测量,并通过 $\nu-t$ 曲线(实验室提供)查得 $\nu$。

### 5.3.4 实验步骤

(1)在启动水泵前将泵前阀和调节阀完全关闭。

(2)启动水泵后将泵前阀和调节阀完全打开,排出实验管路内的空气。

(3)将排气阀打开,排空水银比压计及连接管内的空气,并检查空气是否完全排空(调节阀关闭时,比压计压差为零说明空气排空)。

(4)通过控制调节阀的开关得到实验工况点,记录与水银比压计高度差相对应的实验数据。

(5)将泵前阀关死,然后关闭水泵。

### 5.3.5 实验需要预习的问题及注意事项

1. 预习问题

(1)为了求得 $\mu=f(Re)$ 关系曲线,需要对哪些量进行测量?

(2)测压管水头差与水银比压计水头差有何关系?

2. 注意事项

(1)为了全面求得 $\mu=f(Re)$ 关系曲线,要求测量 8 个点,并使其比较均匀的分布在实验范围内(8 个测点的调节可参照水银比压计的高度差分别为:阀全开、200 mm、120 mm、80 mm、50 mm、30 mm、20 mm 及 10 mm)。

(2)调节阀门会对流动造成一定扰动,所以流量改变后要等待 3~4 分钟,待流动稳定后再读数。

(3)堰上水头高度 $\Delta H$ 为测量时的测针读数 $H$ 与测针零点(静水面)读数 $H_0$ 之差即 $\Delta H= H-H_0$。为了减少表面张力在堰口处的影响,必须等到堰口(即三角形顶点)无溢流时才能测定 $H_0$,一般在做完实验后隔一天测定,因此有条件时可现场测量 $H_0$,无条件时由实验室提供。

(4)水银比压计及连通管应保持连通且无气体存留。实验前应打开比压计上的排气阀,将空气完全排空。空气是否排空直接影响实验数据的可靠程度。

(5)实验开始和结束之前应先将泵前阀关死。实验开始前若不关闭泵前阀,会导致泵的启动功率很大;实验结束前若不关闭泵前阀,管路中将发生水锤现象,压力突然升高,水银比压计承受的压差突然增大,导致设备损坏或水银溢出。

(6)所有待测的流量参数最后必须化为国际单位,例如流量单位必须为 $m^3/s$,高度单位必须为 m。

## 5.3.6 数据记录及整理

(1)数据记录

将流量计校正实验数据填入表 5-5 中。

测针零点读数 $H_0 =$ ____ mm   水温= ____ ℃   运动粘性系数= ____ $m^2 \cdot s^{-1}$

文丘里流量计

管路直径 $D =$ ____ mm   喉部直径 $d =$ ____ mm

孔板流量计

管路直径 $D =$ ____ mm   喉部直径 $d =$ ____ mm

表 5-5　流量计校正实验数据

| 序号 | 文丘里流量计 | | | 孔板流量计 | | | 液位计读数 $H/mm$ | 涡轮流量计流量 $Q/m^3 \cdot h^{-1}$ |
|---|---|---|---|---|---|---|---|---|
| | 水银比压计 | | 差压传感器 | 水银比压计 | | 差压传感器 | | |
| | $h_1/mm$ | $h_2/mm$ | 压差/kPa | $h_1/mm$ | $h_2/mm$ | 压差/kPa | | |
| 1 | | | | | | | | |
| 2 | | | | | | | | |
| 3 | | | | | | | | |
| 4 | | | | | | | | |
| 5 | | | | | | | | |
| 6 | | | | | | | | |
| 7 | | | | | | | | |
| 8 | | | | | | | | |

(2)实验数据计算(见表 5-6)。

表 5 – 6　实验结果计算

| | 孔板流量计 | | | | | 文丘里流量计 | | | | |
|---|---|---|---|---|---|---|---|---|---|---|
| | 测压管水头差 $H/m$ | 流量系数 $\mu$ | 流速 $V/m \cdot s^{-1}$ | 雷诺数 $Re$ | lg$(Re)$ | 测压管水头差 $H/m$ | 流量系数 $\mu$ | 流速 $V/m \cdot s^{-1}$ | 雷诺数 $Re$ | lg$(Re)$ |
| 1 | | | | | | | | | | |
| 2 | | | | | | | | | | |
| 3 | | | | | | | | | | |
| 4 | | | | | | | | | | |
| 5 | | | | | | | | | | |
| 6 | | | | | | | | | | |
| 7 | | | | | | | | | | |
| 8 | | | | | | | | | | |

　　(3)实验结果用 $\mu - \lg(Re)$ 曲线表示,用单对数坐标纸绘制。

　　(4)找出 $\mu$ 的常数值及其对应的 $Re$ 范围。

### 5.3.7　思考题

　　(1)测压管孔的设置位置对流量系数 $\mu$ 有什么影响?

　　(2)流量计内摩擦损失对流量系数 $\mu$ 有何影响?为什么文丘里流量计的 $\mu$ 比孔板流量计的 $\mu$ 大得多?

# 5.4　局部阻力损失实验

## 5.4.1　实验目的

（1）了解局部阻力损失规律；

（2）掌握测定一般局部损失系数的实验方法，并测定管路渐扩、渐缩和弯头处局部阻力系数值。

## 5.4.2　实验原理

实际流体在管道中流动，通过局部装置（如突然扩大、突然缩小、渐扩、阀门等）时会产生局部阻力，由局部阻力引起的水力损失称为局部阻力水力损失，以 $h_j$ 表示。局部损失系数的大小主要由管道的几何形状和尺寸决定，同时也受流体流动特性的影响，因此也是雷诺数的函数。

在实验管路上取变截面前后两个缓变流过流断面 1—1 及 2—2，使管轴为水平基准线，可列出伯努利方程

$$z_1 + \frac{p_1}{\rho g} + \frac{V_1^2}{2g} = z_2 + \frac{p_2}{\rho g} + \frac{V_2^2}{2g} + h_{j1-2} \qquad (5-21)$$

由于是水平管路 $z_1 = z_2$，则有

$$h_{j1-2} = \frac{p_1 - p_2}{\rho g} + \frac{V_1^2 - V_2^2}{2g} \qquad (5-22)$$

式（5-22）中的 $p_1 - p_2$ 可直接从两断面处的测压管读出，此外 $V_1 = \dfrac{Q}{A_1}$，$V_2 = \dfrac{Q}{A_2}$，流量 $Q$ 采用三角堰或涡轮流量计测出。

渐缩的局部阻力公式为

$$h_{j1-2} = \zeta_2 \frac{V_2^2}{2g} \qquad (5-23)$$

式中：$\zeta_2$——渐缩的局部损失系数；

$V_2$——局部阻力发生后的断面平均流速，m/s。

因此

$$\zeta_2 = \frac{h_{j1-2}}{(V_2^2/2g)} \qquad (5-24)$$

同理可以测定突然缩小、渐扩、阀门等的局部损失系数。

### 5.4.3 设备与仪器

实验设备包括三角量水堰、涡轮流量计、水银比压计、差压变送器、变截面管道、90°弯头、热电偶、水泵、数显高度尺、水箱等。

实验管道布置如图 5-9 所示。变截面管道和弯头串接在实验台直管道上,管道中的水流入三角量水堰。当一定流量 $Q$ 的流体流过三角形堰口时,堰上水头为 $H$,利用附设的数显高度尺测出 $H$ 值,然后可由 $Q$-$\Delta H$ 关系式(实验室提供)查得流量 $Q$。

采用水银比压计和差压变送器测量管路渐缩处和弯头处的压差,利用热电偶测量水温,并从 $\nu$-$t$ 曲线(实验室提供)上查得 $\nu$。

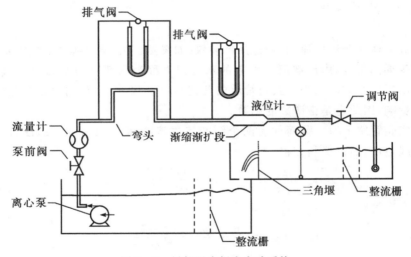

图 5-9 局部阻力损失实验系统

### 5.4.4 实验步骤

(1)在启动水泵前将泵前阀和调节阀完全关闭。

(2)启动水泵后将泵前阀和调节阀完全打开,排出实验管路内的空气。

(3)液流稳定后读出测压管中的液面高度差以及差压变送器的压差,同时测得流量 $Q$。

(4)通过调节阀得到 8 种不同流量,并读出 8 种不同情况下的液面高度。

(5)将泵前阀关死,然后关闭水泵。

### 5.4.5　实验需要预习的问题及注意事项

**1.预习问题**

(1)为了求得局部损失系数,需要测量哪些量? 在本实验设备条件下该怎样测量?

(2)如何运用多管比压计或差压传感器测量管路实验段的 $h_j$,水银比压计的读数差与流速和局部阻力损失有什么关系?

**2.注意事项**

(1)调节阀门时会对流动造成一定的扰动,所以调节后要等待 3～4 分钟,待流动稳定后再读数。

(2)堰上水头高度 $H$ 为测量时的测针读数 $H$ 与测针零点(静水面)读数 $H_0$ 之差,即 $\Delta H = H - H_0$。为了减少表面张力在堰口处的影响,必须等到堰口(即三角形顶点)无溢流时才能测定 $H_0$,一般在做完实验后隔一天时间测定,因此有条件时可现场测量 $H_0$,无条件时由实验室提供。

(3)实验开始前检查水银比压计的液面是否在同一高度,若不在同一高度则需要先排气。

(4)实验开始和结束之前应先将泵前阀关死。实验开始前若不关闭泵前阀,会导致泵的启动功率很大;实验结束前若不关闭泵前阀,管路中将发生水锤现象,压力突然升高,水银比压计承受的压差突然增大,导致设备损坏或水银溢出。

(5)所有待测参数最后必须化为国际单位,例如流量单位为 $m^3/s$;高度单位为 m。

### 5.4.6　数据记录及整理

**1.数据记录**

将实验数据记录在表 5 - 7 中。

试验段　　　　内径 $d_1 = $　　　　mm

　　　　　　　内径 $d_2 = $　　　　mm

三角堰　　　测针零点读数 $H_0 = $　　　mm　　　水温 = 　　　℃

运动粘性系数 = 　　　　$m^2 \cdot s^{-1}$

表 5-7　局部阻力实验数据记录

| 序号 | 水银比压计读数 | | 液位计读数 H/mm | 差压变送器 读数 ΔP/kPa | 流量 Q /m³·h⁻¹ |
| --- | --- | --- | --- | --- | --- |
| | 读数 1 /mm | 读数 2 /mm | | | |
| 1 | | | | | |
| 2 | | | | | |
| 3 | | | | | |
| 4 | | | | | |
| 5 | | | | | |
| 6 | | | | | |

2. 实验结果计算

将实验计算结果填入表 5-8 中。

表 5-8　实验结果计算

| 序号 | 水头损失 $h_j$/m | 流速 $V_2$/m·s⁻¹ | 阻力系数 $f$ | 雷诺数 $Re$ |
| --- | --- | --- | --- | --- |
| 1 | | | | |
| 2 | | | | |
| 3 | | | | |
| 4 | | | | |
| 5 | | | | |
| 6 | | | | |

## 5.4.7　思考题

(1)局部损失系数是否与雷诺数有关,为什么?

(2)如何减小局部阻力损失?

(3)为何突然收缩的局部损失小于突然扩大的局部损失?

# 5.5 翼型升、阻力实验

## 5.5.1 实验目的

(1)测定不同冲角下翼型表面的压强分布以及翼型尾迹中的速度分布；

(2)计算翼型的升力系数、压差阻力系数及型阻；

(3)了解风洞设备及实验模型的构造。

## 5.5.2 实验原理

翼型升、阻力实验在风洞中进行,当气流绕过展弦比很大的矩形机翼时,其中间部分的流动可视作二维流动。翼型表面各点压强并不相等,压强通过机翼模型各点的测压孔由连通管连接到多管测压计进行测量,通过液柱差计算压强

$$p_i = \rho g \Delta h_i \tag{5-25}$$

一般可表示为无量纲压强系数

$$\overline{p}_i = \frac{p_i - p_\infty}{\frac{1}{2}\rho_\infty V_\infty^2} \tag{5-26}$$

式中：$p_\infty$ 和 $V_\infty$ 表示均匀来流压强和速度。

压强分布可采用向量法表示(见图 5-10),即沿翼型表面法线方向按一定比例绘制箭头,箭头长短表示该点 $\overrightarrow{p}_i$ 的大小,箭头方向表示该点 $\overrightarrow{p}_i$ 的方向(压力指向物面,吸力离开物面)。向量法简单直观,但在计算空气动力特性时不太方便,实用中最方便的方法是将压强分布表示为翼型横坐标(弦向)或纵坐标的函数,如图 5-11 所示。

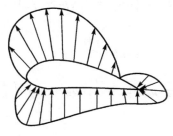

图 5-10 向量法表示的机翼表面压强分布

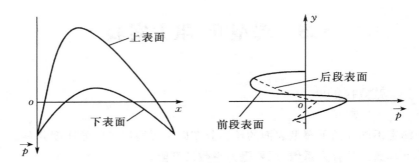

图 5-11 使用坐标表示的机翼表面压强分布

单位展长机翼受到的升力和阻力（压差阻力），可由翼型表面的压力合力求得。

如图 5-12 所示，考虑弦向某一微元 $dx$，其对应的上、下表面弧长分别为 $dS_u$、$dS_L$，作用在微元弧 $dS_u$、$dS_L$ 上的压强分别为 $p_u$、$p_L$，则合力在 $y$ 方向的分量为

$$dR_y = -p_u dS_u \cos(y, n_u) + p_L dS_L \cos(y, n_L) \qquad (5-27)$$

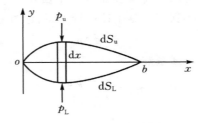

图 5-12 翼型表面法向力计算示意图

由几何关系，可知

$$dS_u \cos(y, n_u) = dS_L \cos(y, n_L) = dx$$

所以

$$dR_y = (p_L - p_u)dx$$

$$R_y = \int dR_y = \int_0^b (p_L - p_u)dx \qquad (5-28)$$

表示为无量纲法向力系数 $C_y = \dfrac{R_y}{\dfrac{1}{2}\rho u_\infty^2 b}$，有

$$C_y = \frac{1}{\frac{1}{2}\rho u_\infty^2 b} \int_0^b (p_L - p_u)dx = \int_0^b (\bar{p}_L - \bar{p}_u)d\left(\frac{x}{b}\right) = \int_0^1 (\bar{p}_L - \bar{p}_u)d\bar{x}$$

$$(5-29)$$

式中：$\bar{x} = \dfrac{x}{b}$，为无量纲坐标。由式(5-29)可知，升力系数 $C_y$ 等于 $\bar{p}_L$ 曲线与 $x$ 轴所围面积减去 $\bar{p}_u$ 曲线与 $x$ 轴所围面积。

如图 5-13 所示，可在翼型最大厚度点做翼弦的垂线，将翼型分为前段（靠近前缘部分）及后段（靠近后缘部分）。

根据翼型前段表面和后段表面压强分布可求出翼型的压差阻力。翼型表面弦向力计算示意图如图 5-14 所示。

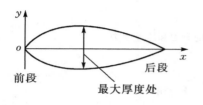

图 5-13　机翼前后段

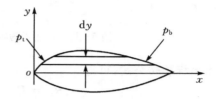

图 5-14　翼型表面弦向力计算示意图

取翼型微元 $dy$，其对应的前段及后段表面弧长分别为 $dS_t$、$dS_b$，压强分别为 $p_t$ 及 $p_b$。

该翼型微元所受合力在 $x$ 方向的分量为

$$dR_x = -p_b dS_b \cos(x, n_b) + p_t dS_t \cos(x, n_t) \tag{5-30}$$

由几何关系

$$dS_b \cos(x, n_b) = dS_t \cos(x, n_t) = dy$$

所以

$$dR_x = (p_t - p_b)dy$$

$$R_x = \int dR_x = \int_{y_L}^{y_u} (p_t - p_b)dy \tag{5-31}$$

式中：积分限为最大厚度处上、下表面的纵向坐标。

类似地，弦向力系数表示为

$$C_x = \int_{\bar{y}_L}^{\bar{y}_u} (\bar{p}_t - \bar{p}_b)d\bar{y} \tag{5-32}$$

式中：$\bar{y} = \dfrac{y}{b}$，为无量纲坐标。

$C_x$ 等于 $\bar{p}_t(y)$ 曲线与 $y$ 轴所围面积减去 $\bar{p}_b(y)$ 曲线与 $y$ 轴所围面积。

当翼型的冲角为零时，上述法向力和弦向力即为翼型的升力和压差阻力。

如图 5-15 所示,当冲角不为零时,升力是合力在垂直于气流方向的分量,压差阻力是合力在平行于气流方向的分量。

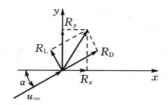

图 5-15　冲角不为零时的升力和压差阻力

由坐标旋转公式,可得

$$\begin{cases} R_L = R_y \cos\alpha - R_x \sin\alpha \\ R_D = R_y \sin\alpha + R_x \cos\alpha \end{cases} \qquad (5-33)$$

$$\begin{cases} C_L = C_y \cos\alpha - C_x \sin\alpha \\ C_D = C_y \sin\alpha + C_x \cos\alpha \end{cases} \qquad (5-34)$$

升力系数及压差阻力系数确定后,升力及压差阻力可按下式计算

$$F_L = \frac{1}{2}\rho u_\infty^2 bC_L \qquad (5-35)$$

$$F_D = \frac{1}{2}\rho u_\infty^2 bC_D \qquad (5-36)$$

实际流体由于具有粘性,故流体与物面摩擦还将引起摩擦阻力。翼型的压差阻力与摩擦阻力之和称为翼型阻力。

翼型阻力可通过气动力天秤测量,也可通过测量翼型尾迹(尾流)中的动压损失,再根据动量定理(亦称为冲量法)确定。高 $Re$ 数下,边界层内粘性有旋流体离开物体流向下游,将在物体后形成尾迹区(尾流)。尾迹边界上,由于扰动气流不断与外流掺混,所以尾迹区域向下游不断扩大。翼型尾迹区示意图如图 5-16 所示。

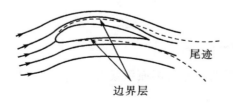

尾迹

边界层

图 5-16　翼型尾迹示意图

翼型绕流情况下,在远离物体处取控制面 $ABCD$,$AB$、$CD$ 与流动方向垂直,$AD$、$BC$ 与流动方向平行,如图 5-17 所示。

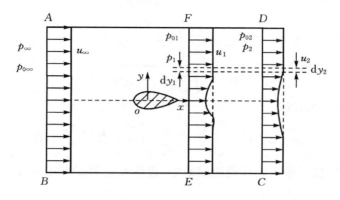

图 5-17　尾流动压损失确定翼型型阻

设 $u_\infty$、$p_\infty$、$p_{0\infty}$ 为 $AB$ 面上的流速、静压及总压,$u_2$、$p_2$、$p_{02}$ 为 $CD$ 面上的流动参数。

根据动量方程,作用于控制体的合外力沿流动方向的分量等于沿流动方向净流出控制体的流体动量流率。所以有

$$F_x = \int_{-\infty}^{\infty} \left[ (p_\infty - p_2) + \rho u_2 (u_\infty - u_2) \right] \mathrm{d}y \qquad (5-37)$$

式中:$F_x$ 表示流体作用于翼型上的合力沿 $x$ 方向的分量。

由于控制面远离物体,故可认为在 $DC$ 处静压已恢复到来流静压值,即

$$p_2 = p_\infty$$

所以

$$F_x = \int_{-\infty}^{\infty} \rho u_2 (u_\infty - u_2) \mathrm{d}y \qquad (5-38)$$

在物体远后方测量不太方便,因此通常选取一个离物体不太远的控制面 $EF$ 进行测量(相距翼型 1/2 弦长以内)。为了简化计算,假定从 $EF$ 面到 $CD$ 面,同一条流束流体的总能量没有损失,即 $p_{02} = p_{01}$;此外,在 $EF$ 与 $CD$ 之间的同一条流束上,设 $\rho = \mathrm{const}$,则由连续方程可得

$$u_2 \mathrm{d}y_2 = u_1 \mathrm{d}y_1$$

代入前式,得

$$F_x = \int_{-\infty}^{\infty} \rho u_1 (u_\infty - u_2) \mathrm{d}y = \rho u_\infty^2 \int_{-\infty}^{\infty} \frac{u_1}{u_\infty} \left( 1 - \frac{u_2}{u_\infty} \right) \mathrm{d}y \qquad (5-39)$$

由假定 $p_{01} = p_{02} = p_2 + \dfrac{1}{2} \rho u_2^2 = p_\infty + \dfrac{1}{2} \rho u_2^2$

可得

$$\begin{cases} u_2 = \sqrt{\dfrac{2}{\rho}(p_{01} - p_\infty)} \\[2mm] u_\infty = \sqrt{\dfrac{2}{\rho}(p_{0\infty} - p_\infty)} \\[2mm] u_1 = \sqrt{\dfrac{2}{\rho}(p_{01} - p_1)} \end{cases}$$

代入式(5 - 39),得

$$F_x = \rho u_\infty^2 \int_{-\infty}^{\infty} \frac{\sqrt{p_{01} - p_1}}{\sqrt{p_{0\infty} - p_\infty}} \left(1 - \frac{\sqrt{p_{01} - p_\infty}}{\sqrt{p_{0\infty} - p_\infty}}\right) \mathrm{d}y \qquad (5 - 40)$$

在尾迹外,流体未受物体阻滞的影响,流体总能量无损耗,所以 $p_{0\infty} = p_{01}$,于是有

$$1 - \frac{\sqrt{p_{01} - p_\infty}}{\sqrt{p_{0\infty} - p_\infty}} = 0$$

所以式(5 - 40)的积分只需在尾迹区 $\sigma$ 中进行

$$F_x = \rho u_\infty^2 \int_\sigma \frac{\sqrt{p_{01} - p_1}}{\sqrt{p_{0\infty} - p_\infty}} \left(1 - \frac{\sqrt{p_{01} - p_\infty}}{\sqrt{p_{0\infty} - p_\infty}}\right) \mathrm{d}y \qquad (5 - 41)$$

$$C_x = \frac{F_x}{\frac{1}{2}\rho u_\infty^2 b} = \frac{2}{b} \int_\sigma \frac{\sqrt{p_{01} - p_1}}{\sqrt{p_{0\infty} - p_\infty}} \left(1 - \frac{\sqrt{p_{01} - p_\infty}}{\sqrt{p_{0\infty} - p_\infty}}\right) \mathrm{d}y \qquad (5 - 42)$$

实验中,$\sqrt{p_{0\infty} - p_\infty}$ 可由比压计的液柱高度算出一系列测点的 $\sqrt{p_{01} - p_1}$ 值,也可由与梳形管相连的比压计液柱高度算出。而 $\sqrt{p_{01} - p_\infty} = \sqrt{(p_{01} - p_1) - (p_\infty - p_1)}$ 中的 $p_\infty - p_1$ 可由比压计读数计算。令 $\varphi(y) = \frac{\sqrt{p_{01} - p_1}}{\sqrt{p_{0\infty} - p_\infty}} \left(1 - \frac{\sqrt{p_{01} - p_\infty}}{\sqrt{p_{0\infty} - p_\infty}}\right)$,则可根据梳形管各测管间距 $\Delta y$ 及测得的 $\varphi$ 值绘出 $\varphi(y)$ 曲线,并用图解法计算积分。

### 5.5.3　实验仪器设备

实验系统如图 5 - 18 所示,主要设备包括大气压计、温度计、多管比压计、梳形管、风洞、翼型。

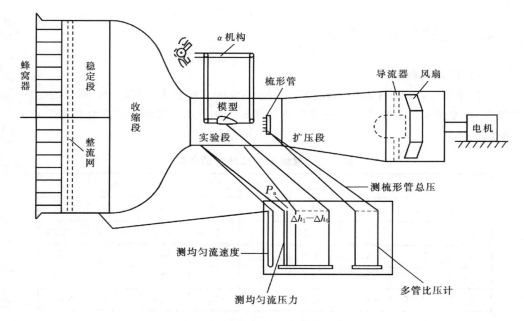

图 5-18　翼型升、阻力实验系统

## 5.5.4　实验步骤

(1)熟悉设备简图。

(2)记录大气压强和温度。

(3)调整机翼模型的冲角为指定值。

(4)调节变频器的频率。

(5)打开风机,进行实验,记录多管比压计中的水柱高度。

(6)改变机翼模型的冲角,再次记录有关数据。

## 5.5.5　实验需要预习的问题及注意事项

(1)实验前应检查橡皮软管和静压孔的连接处是否漏气。

(2)变频器的频率应调整至不超过 55 Hz(否则风机为超速运行)。

(3)启动风机时注意风机叶片不得反转。

(4)实验时随时注意风机的运转声音,如有异常应及时停机并检查原因,排除故障后再启动风机重新实验。

### 5.5.6 数据记录及整理

(1)已知数据。

翼型型号:NACA 23012,模型弦长 $b=200$ mm,展长 $L=275$ mm,翼型的坐标如表 5-9 所示。翼型表面测压点位置如图 5-19 所示。模型测点坐标如表5-10所示。

**表 5-9 翼型 NACA23012 的坐标**

| $x$ | 0 | 1.25 | 2.5 | 5.0 | 7.5 | 10 | 15 | 20 |
|---|---|---|---|---|---|---|---|---|
| $y_u$ | 0.00 | 2.67 | 3.61 | 4.91 | 5.80 | 6.43 | 7.19 | 7.50 |
| $y_L$ | 0.00 | −1.23 | −1.71 | −2.26 | −2.60 | −2.92 | −3.50 | −3.97 |
| $x$ | 30 | 40 | 50 | 60 | 70 | 80 | 90 | 100 |
| $y_u$ | 7.55 | 7.14 | 6.41 | 5.47 | 4.36 | 3.08 | 1.68 | 0.00 |
| $y_L$ | −4.46 | −4.48 | −4.17 | −3.67 | −3.00 | −2.16 | −1.23 | 0.00 |

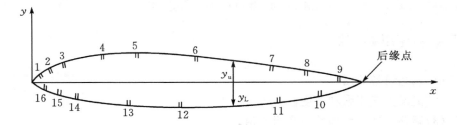

图 5-19 机翼表面测压点

**表 5-10 模型测点坐标**

| 坐标 \ 测点 | 1 | 2 | 3 | 4 | 5 | 6 | 7 | 8 |
|---|---|---|---|---|---|---|---|---|
| $x$ /mm | 6 | 12 | 22 | 41 | 61 | 102 | 143 | 184 |
| $y$ / mm | 6 | 8 | 10 | 13 | 14 | 12 | 8 | 3 |
| 坐标 \ 测点 | 9 | 10 | 11 | 12 | 13 | 14 | 15 | 16 |
| $x$/mm | 194 | 184 | 142 | 83 | 52 | 21 | 10 | 6 |
| $y$/mm | 2 | −4 | −6 | −9 | −9 | −8 | −6 | −5 |

(2)记录数据。压强分布测试记录和尾迹测试记录分别填写在表 5-11 和表 5-12 中。

大气压强 $p_a=$ 　　Pa，　　$t=$ 　　℃

由实验室提供的曲线查取 $\rho$

$\Delta h_\infty=$ 　　mm，　　$Re=\dfrac{u_\infty b}{\nu}=$ 　　，$h_\infty=$ 　　mm

$$u_\infty=\sqrt{\dfrac{2}{\rho}Kg\rho_{比}\,\Delta h_\infty}=$$ 　　$m\cdot s^{-1}$（其中风洞系数：$K=1.186$）

表 5-11　压强分布测试记录

| 测点 $\Delta h_1$ 冲角 | 1 | 2 | 3 | 4 | 5 | 6 | 7 | 8 | 9 | 10 | 11 | 12 | 13 | 14 | 15 | 16 |
|---|---|---|---|---|---|---|---|---|---|---|---|---|---|---|---|---|
| $\alpha=$ | | | | | | | | | | | | | | | | |
| $\alpha=$ | | | | | | | | | | | | | | | | |
| $\alpha=$ | | | | | | | | | | | | | | | | |
| $\alpha=$ | | | | | | | | | | | | | | | | |

表 5-12　尾迹测试记录

| 冲角 $\alpha$ | $\Delta y$ | | | | | | | | | | | |
|---|---|---|---|---|---|---|---|---|---|---|---|---|
| | $\sqrt{p_{0\infty}-p_\infty}$ | | | | | | | | | | | |
| | $\sqrt{p_{01}-p_1}$ | | | | | | | | | | | |
| | $p_\infty-p_1$ | | | | | | | | | | | |

(3)记录数据。将测得数据及计算结果分别填入表 5-13 和表 5-14 中。

表 5-13　压强分布曲线与 $x$ 轴和 $y$ 轴所围面积,法向力、弦向力、升力、阻力系数

| $\alpha$ | $A(\bar{p}_{iQ}\sim x)$ | $A(\bar{p}_{iL}\sim y)$ | $A(\bar{p}_{if}\sim y)$ | $A(\bar{p}_{ib}\sim y)$ | $C_y$ | $C_x$ | $C_L$ | $C_D$ |
|---|---|---|---|---|---|---|---|---|
| | | | | | | | | |
| | | | | | | | | |
| | | | | | | | | |
| | | | | | | | | |

表 5-14　动量法测型阻计算表

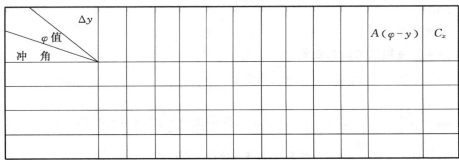

| 冲　角 $\varphi$值 $\Delta y$ | | | | | | | $A(\varphi-y)$ | $C_x$ |
|---|---|---|---|---|---|---|---|---|
| | | | | | | | | |
| | | | | | | | | |
| | | | | | | | | |
| | | | | | | | | |

(4)通过计算数据,绘制 $\overline{p}(x)$、$\overline{p}(y)$实验曲线,绘制 $\varphi(y)$曲线另附方格纸。

## 5.5.7　思考题

(1)理论计算结果和实验结果有何差别,原因是什么?

(2)比较动量法测得的阻力与压差阻力,并进行分析。

(3)你认为实验中存在什么问题,应如何改进?

## 5.5.8　附表

不同冲角下的理论升力系数如表 5-15 所示。

表 5-15　不同冲角下的理论升力系数表

| $\alpha$ | 0 | 3 | 6 | 9 |
|---|---|---|---|---|
| $C_y$ | 0.1354 | 0.4987 | 0.8620 | 1.2253 |

# 5.6  单级离心式水泵性能实验

## 5.6.1  实验目的

测定额定转速 $n$ 时的扬程 $H$、轴功率 $N$、效率 $\eta$ 与流量 $Q$ 的性能曲线(即 $H$-$Q$，$N$-$Q$ 和 $\eta$-$Q$ 曲线)。

## 5.6.2  实验原理

离心式水泵的性能曲线可采用实验方法获得。根据离心泵的基本原理,当流量改变时,其扬程 $H$、所需轴功率 $N$ 和效率 $\eta$ 均会发生相应变化。

通过排水管上的调节阀改变流量,利用孔板流量计测量并按下式计算流量 $Q$

$$Q = 0.00039\mu d^2 \sqrt{h}/1000 \qquad (5-43)$$

式中:$Q$——流量,$\mathrm{m^3/s}$;

$\mu$——流量系数;

$d$——孔板开孔直径,mm;

$h$——水银示差测压计读数,mmHg。

扬程 $H$ 可按下式求得

$$\begin{aligned} H &= \left(z_2 + \frac{p_2}{\rho g} + \frac{C_2^2}{2g}\right) - \left(z_1 + \frac{p_1}{\rho g} + \frac{C_1^2}{2g}\right) \\ &= H_{\mathrm{M}} + H_{\mathrm{V}} + \frac{C_2^2 - C_1^2}{2g} + (z_2 - z_1) \end{aligned} \qquad (5-44)$$

式中:$H_{\mathrm{M}}$——压力表读数(换算成以 $\mathrm{mH_2O}$ 为单位);

$H_{\mathrm{V}}$——真空表读数(换算成以 $\mathrm{mH_2O}$ 为单位);

$p_2$——离心泵出口压力表处的绝对压强,Pa;

$p_1$——离心泵进口真空表处的绝对压强,Pa;

$C_2$——排水管中压力表处的水流速度,m/s;

$C_1$——进水管中真空表处的水流速度,m/s;

$z_2$——压力表位置标高,m;

$z_1$——真空表位置标高,m。

离心泵所需的轴功率 $N$ 采用下式计算

$$N = N_{\mathrm{g}} \cdot \eta_{\mathrm{d}} \qquad (5-45)$$

式中：$N_g$——输入电动机的电功率，采用功率表测得，W；

$\eta_d$——电动机效率。

离心泵的转速 $n$ 可用转速表或检流计测得。如采用转速表，则可直接读取转速。如采用检流计，则需计算在选定检流计指针读数为 $m$ 时所用的时间 $t$，然后按下式计算转速（电流频率设为 50 Hz）

$$n = 3000 - \frac{60m}{t} \qquad (5-46)$$

离心泵效率 $\eta$ 的计算公式为

$$\eta = \frac{\rho g Q H}{N_g \eta_d} \qquad (5-47)$$

式中：$\rho$——水的密度，kg/m³；

$Q$——离心泵流量，m³/s；

$H$——离心泵扬程，m；

$N_g$——离心泵输入功率，W；

$\eta_d$——电动机效率；

$\rho g Q H$——有效功率。

本实验需获得离心泵在额定转速 $n$ 下运行时的性能曲线。如实验时测得转速为 $n'$，则相应的离心泵流量 $Q'$、扬程 $H'$ 和所需轴功率 $N'$ 均需换算成额定转速 $n$ 时的值，换算公式为

$$\begin{cases} \dfrac{Q}{Q'} = \dfrac{n}{n'} \\[2mm] \dfrac{H}{H'} = \left(\dfrac{n}{n'}\right)^2 \\[2mm] \dfrac{N}{N'} = \left(\dfrac{n}{n'}\right)^3 \end{cases} \qquad (5-48)$$

### 5.6.3　设备与仪器

实验设备包括滤网、真空调节阀、压力表、真空表、试验泵、测功计、测速仪、孔板流量计等。实验系统如图 5-20 所示。

### 5.6.4　实验步骤

(1)首先启动水泵，然后将压力调节阀全开。

(2)流动稳定后读出真空表、压力表、功率表以及水银示差测压计等测量设备

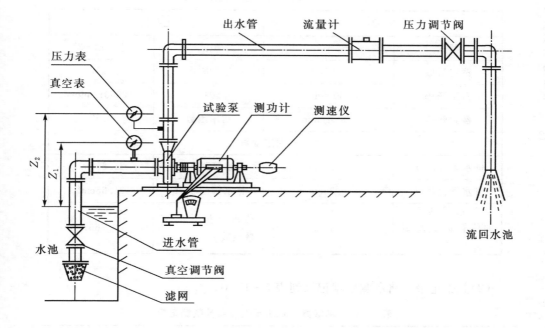

图 5-20 单级离心式水泵性能实验系统

的读数。

 (3)通过调节阀得到 8 种不同流量,并读出相应的实验数据。

 (4)将泵前阀关死,然后关闭水泵。

## 5.6.5 实验需要预习的问题及注意事项

 (1)实验前应检查电路部分的接线情况是否正确。

 (2)实验前应校准所用测试仪表的基准或零点。

 (3)在开动离心泵前应检查水泵叶轮能否顺利转动等,然后充水。

 (4)每次调节流量后,应等候 3～5 分钟,待流动稳定后再测量各参数。

## 5.6.6 数据记录及整理

 (1)实验设备规范及一些固定常数如表 5-16 所示。

表 5-16　实验设备规范及固定常数

| 离心泵 | | 电动机 | |
|---|---|---|---|
| 型式 | 2B31 | 型式 | JO$_2$32-2 |
| 额定流量 | 5.5L/s | 功率 | 4kW |
| 额定扬程 | 30.8m | 转速 | 2860r/min |
| 额定转速 | 2900r/min | 功率因数 | 0.88 |
| 一些固定常数 | | | |
| 进水管直径 $d_1$ | 5.25cm | 进水管面积 $A_1$ | 21.65cm$^2$ |
| 排水管直径 $d_2$ | 5.25cm | 排水管面积 $A_2$ | 21.65cm$^2$ |
| 压力表与真空表的位置标高差 $z_2$ $-z_1$ | 0.27m | 孔板流量计的流量系数 $\mu$ | 0.7667 |

(2)数据记录。将所测数据记录到表 5-17 中。

表 5-17　单级离心式水泵性能实验数据记录

| 测量次数 \ 测量参数 单位 | 真空表读数 | 压力表读数 | 示压测压计读数 | 功率表读数 | 转数 | $m/t$ |
|---|---|---|---|---|---|---|
| | mH$_2$O | mH$_2$O | mmHg | kW | r/min | Hz |
| 1 | | | | | | |
| 2 | | | | | | |
| 3 | | | | | | |
| 4 | | | | | | |
| 5 | | | | | | |
| 6 | | | | | | |
| 7 | | | | | | |
| 8 | | | | | | |

(3)实验结果计算。将计算所得实验结果记录至表 5-18 中。

表 5 - 18　实验结果计算

| 测量参数\单位\测量次数 | 测量转速 $n'$ 时 | | | 换算到额定转速 $n$ 时 | | | 离心泵的有效输出功率 | 离心泵的效率 $\eta$ |
|---|---|---|---|---|---|---|---|---|
| | 所需功率 $N'$ | 流量 $Q'$ | 扬程 $H'$ | 所需轴功率 $N$ | 流量 $Q$ | 扬程 $H$ | | |
| | kW | L/s | m | kW | L/s | m | kW | % |
| 1 | | | | | | | | |
| 2 | | | | | | | | |
| 3 | | | | | | | | |
| 4 | | | | | | | | |
| 5 | | | | | | | | |
| 6 | | | | | | | | |
| 7 | | | | | | | | |
| 8 | | | | | | | | |

（4）绘出额定转速 $n$ 时的性能曲线。

## 5.6.7　思考题

（1）从所绘性能曲线中指出额定流量、额定扬程及相应功率是多少？
（2）这台水泵保持在什么范围内工作最有利？

# 第三部分　传热学实验

# 第6章 传热学实验测定的基本知识

传热学是一门实验研究与理论分析紧密结合的科学,实验测试是传热学研究的一种主要的也是最基本的方法。检验任何一个理论分析(包括采用电子计算机所获得的数值解)的正确与否,就看它是否与准确测得的实验结果相吻合。限于篇幅,此处不对传热学的实验及测试问题做详细的论述,有兴趣的读者可以参看有关专著[1—4]。这里仅就传热学测量的一些问题进行简要介绍。

## 6.1 热负荷与温度的实验测定方法

### 6.1.1 热负荷的测定

热负荷(或热流量)是传热实验中最基本的测定内容之一,其测试方法很多,取决于被测对象的性质、加热或冷却的方法以及对测定结果准确度的要求等。常用方法有下述几种。

#### 1. 电功率测定法

在稳态法导热系数测定及对流换热表面传热系数测定中,常常采用电加热方法获得所需的热负荷。实验中很重要的一点是保证热量按所需的方式或要求的途径进行传递,例如用电加热法测定平板导热系数时,为了构造一维温度场,应保证热量只沿着平板的厚度方向传递;而在用电加热法测定对流换热系数的试验中,试件与固定支架的联接处很容易产生导热损失,为了减少损失,应采用热绝缘性能良好的材料作为分隔元件。如果上述热损失可忽略不计,则被加热试件的热负荷可以直接按电功率计算。当用电流表和电压表分别测定电流及电压时,电功率为

$$Q = I \cdot U \quad [\text{W}] \tag{6-1}$$

式中:$I$——通过加热试件的电流,单位为 A;

$U$——试件两端的电压降,单位为 V。电功率也可以用功率表直接测得。

如图 6-1 所示,为了获得准确的功率读数,应根据电流表内阻($R_A$)、电压表内阻($R_V$)以及被加热试件电阻值($R$)的相对大小来决定电流表、电压表在线路中的联接方式。当电流表内阻远小于被加热元件内阻时,可以采用(a)接法,此时电压表读数 $V$ 近似等于负载两端的电压降,即加热功率 $P = V \cdot I$($I$ 为电流表读数);

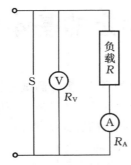 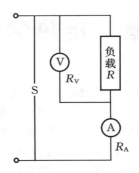

(a)电流表内阻远小于被加热元件内阻　　(b)电压表内阻远大于被加热元件内阻

图 6-1　电加热功率测量仪表接线原理图

当电压表内阻远大于被加热元件内阻时,可以采用(b)接法,此时电流表读数近似等于通过负载的电流。当对测定结果的准确度要求比较高时,还可以根据 $R_V$、$R_A$ 和 $R$ 的数值对测定结果进行修正,其中(a)接法的测量值须乘以修正系数 $(1+R_A/R)^{-1}$,(b)接法的测量值须乘以修正系数 $(1+R/R_V)^{-1}$。

2. 热容量测定法

在热交换器实验中,当使用一种流体加热另一种流体时,可通过测定换热表面进出口处流体热容量的变化来决定换热表面的热负荷。忽略热损失的情况下,从被加热一侧的流体来看,热负荷可按下式计算

$$\Phi = q_m(h'' - h') \qquad [\text{kW}] \qquad (6-2\text{a})$$

式中:$q_m$——被测流体的质量流量,kg/s;

$h''$ 和 $h'$——出口与进口的整体平均焓值,kJ/kg。

当流体无相变时,$h=c_p t$,其中 $t$ 是流体的整体平均温度,此时

$$\Phi = q_m c_{pm}(t'' - t') \qquad (6-2\text{b})$$

式中:$t''$ 和 $t'$——出口与进口流体整体平均温度;

$c_{pm}$——$t''$ 与 $t'$ 的算术平均温度下的比热容,kJ/(kg·K)。

为了获得可靠的测定结果,需要从冷流体和热流体两方面同时计算,在换热设备绝热良好的前提下,从冷、热流体侧计算的热负荷应当一致,确切地说,其差别应不超过一定的数值(一般实验中,其偏差不应大于±5%)。图 6-2 所示为板翅式换热器换热性能测定过程中冷、热流体侧热量平衡实例[5]。

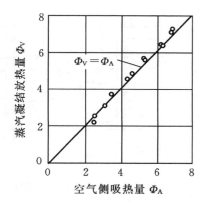

图 6 - 2　换热器热平衡实例

### 3.采用热流计测定

如图 6 - 3 所示,将导热系数已知的材料做成一定厚度的薄片贴到欲测热流密度的物体表面上,例如墙壁的表面上。在稳定状态下,通过该薄片的热负荷可以按 Fourier 公式计算

$$\Phi = \frac{\lambda}{\delta} A (t_{w1} - t_{w2}) \qquad [\mathrm{W}] \qquad (6 - 3a)$$

或热流密度

$$q = \frac{\lambda}{\delta} (t_{w1} - t_{w2}) \qquad [\mathrm{W/m^2}] \quad (6 - 3b)$$

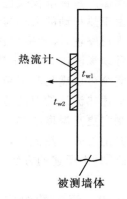

图 6 - 3　热流计测定墙壁热流密度

式中:$\lambda$、$\delta$——薄片的导热系数和厚度;

$A$——薄片面积,前三个参数均为已知;

$t_{w1}$ 和 $t_{w2}$——薄片两侧表面温度,需要在实验中测定。根据所得温差,按式(6 - 3b)可计算出通过薄片的热流密度。假定薄片的存在对原被测表面换热情况的影响可以忽略,则所得结果即为被测表面的局部热流密度。热流计就是按这一原理制成的。

当然,把探头贴在物体表面上总会对原来的换热情况产生影响,图 6 - 4 给出了贴探头后被测表面热流密度分布可能发生的几种变化情况。设此探头两表面的温差为 $\Delta t$,则被测表面的真实热流密度 $q_0$ 可表示为

$$q_0 = \left[ \frac{\lambda}{\delta} + f(D) \right] \Delta t \qquad [\mathrm{W/m^2}] \qquad (6 - 4)$$

图 6 - 4 中,带有箭头的线称为热流密度线或通量线。通量线稀疏的地方,表示局部热流密度小,反之则表示热流密度大。

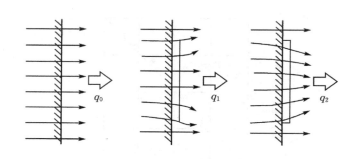

（a）加探头前　　（b）加探头后（$q_1 < q_0$）　　（c）加探头后（$q_2 > q_0$）

图 6 - 4　热流计探头对被测热流密度的影响

式（6-4）中，$f(D)$ 为修正项，用于修正探头存在对热流产生的扰动。热流计探头均需经过标准仪表进行标定，以考虑在一定的工作条件下由热扰动引起的误差。由于热扰动的大小与许多具体因素有关，在标定时只能对某一标准工况的热扰动进行修正，因此采用这种热流计进行测定会在精度上受到一定限制。不过对于各种现场测试，如测定建筑物围墙结构散热及炉墙和热力设备的散热等，这种热流计完全可以满足测定精度要求。

上述热流计的温度适用范围受探头材料耐热性的限制，最高不超过 1000 ℃，若需测定更高温度的热负荷，如电站锅炉炉膛中水冷壁受到的火焰辐射热流，则应采用其他形式的热流计，有关内容参见文献[9]。非稳态工况下热流密度测定可采用文献[1]中所述的方法。

### 6.1.2　温度的测定

温度测定的对象分为流体温度与固体表面温度测定两大类。常用的测试仪器或手段有液体玻璃温度计、热电偶及电阻温度计等。下面仅就传热实验中经常遇到的测温问题进行简要介绍。

1.用液体玻璃温度计测定流体平均温度

传热学计算中常常要用到某个截面的混合平均温度，即整体平均温度。例如管槽内强制对流换热的局部换热系数 $h_x$ 的定义式

$$h_x = \frac{q_x}{t_w(x) - t_b(x)} \tag{6-5}$$

式中：$t_b(x)$——$x$ 截面处流体的整体平均温度，按定义[6]，圆管内流动整体平均温度的计算式为

$$t_b = \frac{\int 2\pi r u \cdot t \cdot \rho \cdot c \mathrm{d}r}{\int 2\pi r u \cdot \rho \cdot c \cdot \mathrm{d}r} \tag{6-6}$$

式中:$u$——半径为 $r$ 处的流体速度;

　　$t$——该处的流体温度;

　　$\rho$、$c$——该处的流体密度和比热。

显然按此定义,在用温度计测定流体温度前应使流体充分混合。为此,可采用如图 6-5 所示的混合器[7]。如有可能,应使玻璃温度计直接浸没于被测流体中,以减少因导热引起的测温误差。当需要采用测温套管时,可以使用壁厚较薄、导热系数较小的材料做套管。增加套管长度及改善管道绝热可以有效提高测量精度。

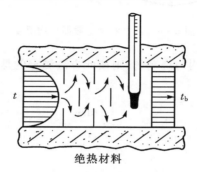

图 6-5　混合器结构示意图

**2. 用热电偶来测定流体的平均温度**

如果无法使流体在测定温度前充分混合,则需要在流动截面的代表性点处布置多对热电偶来测定截面平均温度(关于热电偶测温原理见 6.2)。为了读数方便,可以采用热电堆(见图 6-6),此时如果热电偶的位置能满足

$$\bar{u}_1 \Delta A_1 = \bar{u}_2 \Delta A_2 = \bar{u}_3 \Delta A_3 = \bar{u}_4 \Delta A_4 \tag{6-7}$$

式中:$\bar{u}_i$、$\Delta A_i$——各分块上的平均流速及面积,且流体物性 $\rho$、$c$ 随温度的变化可以忽略,则热电堆读数除以热电偶数即为相应于流体平均温度的热电势。

**3. 用电阻温度计测定截面的平均温度**

将符合一定要求的电阻丝做成形状与通道截面相同的网格,并预先在专门的标定设备上测定元件的电阻-温度曲线($t$-$R$ 曲线),当通过实验获得了该元件的电阻后,即可得出相应截面温度的平均值。采用此方法时应注意以下几点。

(1)在标定之后,电阻丝长度及截面积均不能发生变化,因为这会改变 $t$-$R$ 关系使测温发生误差。

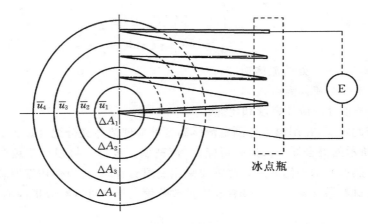

图 6-6　热电堆测定截面平均温度

（2）如果电阻网络是均匀绕制的，则按此方法测定的是接近于下列意义的平均温度

$$\bar{t} = \frac{\int t \mathrm{d}A}{A} \tag{6-8}$$

式中：$A$——流动截面积；

$\mathrm{d}A$——面积元。

一般来说，这与前面定义的整体平均温度不同，只有当截面各点的流体速度接近于均匀分布时，才可以近似地将其视为整体平均温度。

4. 用热电偶测定固体表面温度

固体表面温度测定在传热学实验中非常重要，并且测量误差一般较大，所以需要特别关注热电偶的安装方法。如图 6-7(a)所示，如果直接从被测点引出热电偶引线，由于沿引线存在热量损失，因此被测点及其附近温度场将较大地偏离原有状况。为解决这一问题，可将一段热电偶引线镶嵌在接近于等温面的小槽中，并用 502 胶水或软铅等填充材料固定在壁面上，然后再将热电偶引出壁面（见图 6-7(b)）。该方法能够有效地减小测量误差。

文献[1,4,8]中分析了热电偶不同布置方法可能引起的测温误差。

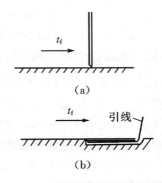

图 6-7　热电偶测定固体壁面温度

# 6.2 测定热负荷及温度的常用仪器仪表

## 6.2.1 热电偶温度计

热电偶温度计的测温范围广,灵敏度高,读数时滞(惯性)小,便于远距离指示,所以在工业和实验室温度测定中得到了广泛应用。热电偶的工作原理基于金属和合金的下列性质:当加热两种不同种类导线的接头(接点)时,会产生热电势,此现象称为热电效应,该电动势称为热电势。将这两种不同种类的导线连接起来就构成热电偶。

如图6-8所示,若接点1和2处分别维持温度 $t_1$ 和 $t_0$,则在接点处将分别产生热电势 $e_{AB}(t_1)$ 和 $e_{BA}(t_0)$,作用在电路中的合成电势 $E_{AB}(t_1, t_0)$ 就等于各接点电势的代数和

$$E_{AB}(t_1, t_0) = e_{AB}(t_1) + e_{BA}(t_0)$$

因为

$$e_{AB}(t_0) = -e_{BA}(t_0)$$

所以

$$E_{AB}(t_1, t_0) = e_{AB}(t_1) - e_{AB}(t_0) \qquad (6-9)$$

因此,当 $t_1 = t_0$ 时,热电势为零。导线中的电流随热电势和电路中电阻的大小而改变,可由欧姆定律决定。

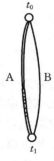

图6-8 热电偶

热电偶的工作点称为热接点,置于被测物体中,另一接点称为冷接点,一般置于冰点瓶里。

热电偶测温计由热电偶和电测仪表(如电位差计或数字电压表)组成,二者用导线连接,连接方式如图6-9所示,导线 C 接入电测仪表和两热电极之间,增加了新的串联接点3和4,若3和4的温度相等,都等于 $t$,则电路中总电势 $E_{ABC}(t_1, t, t_0)$ 为

$$E_{ABC}(t_1, t, t_0) = e_{AB}(t_1) + e_{BC}(t) + e_{CB}(t) + e_{BA}(t_0) = e_{AB}(t_1) - e_{AB}(t_0)$$

$$(6-10)$$

与式(6-9)相同。可见如果3和4的温度相等,图6-9所示导线 C 接入方法不会引起误差。但若接点3、4温度不同,则将引起误差。

另一种连接方式如图6-10所示,其原理与第一种相同。热电偶有两个冷接点2和3,均为同一温度,于是

$$E_{ABC}(t_1, t_0) = e_{AB}(t_1) + e_{BC}(t_0) + e_{CB}(t_0) + e_{BA}(t_0) = e_{AB}(t_1) - e_{AB}(t_0)$$

$$(6-11)$$

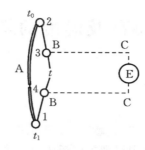

图 6-9　热电偶与测量仪表的连接方法 1

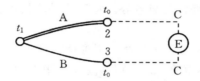

图 6-10　热电偶与测量仪表的连接方法 2

有时为了增大热电势的测定值以改进测定准确度或由于其他原因,会采用由几对热电偶串联而成的热电堆(见图 6-6)。容易证明,此时热电势的测定值等于各热接点相对于冷接点的热电势的代数和。

用热电偶测定温度时,冷接点温度 $t_0$ 应为已知且保持不变,此时式(6-9)、式(6-10)、式(6-11)均可表示为

$$E_{AB}(t_1, t_0) = f(t_1) \tag{6-12}$$

由不同材料组成的热电偶,上述函数有所不同,可采用实验方法确定。确定时保持 $t_0$ 不变,测定 $E_{AB}(t_1, t_0)$ 在不同 $t_1$ 下的值,绘制成 $E_{AB}(t_1, t_0)$-$t_1$ 曲线(见图 6-11),该曲线称为热电偶分度曲线。一般来说,热电偶分度曲线近似为直线。根据已获得的分度曲线就可由测定的热电势算出相应温度。为了保持 $t_0$ 不变,通常将冷接点置于冰水混合物中维持 $0\,℃$。若冷接点温度不为零而等于室温,则应将室温与 $0\,℃$ 间的热电势加到测得的热电势上,然后按总热电势确定热接点温度。

常用的热电偶材料有:铜-康铜(最大可测温度为 $350\,℃$ 左右),镍铬-考铜(最大可测温度约为 $800\,℃$),铂铑-铂(最大可测温度约为 $1300\,℃$)及铂铑$_{30}$-铂铑$_6$(最大可测温度约为 $1600\,℃$)等。

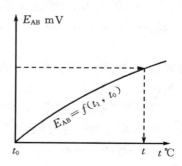

图 6-11　热电偶分度曲线

本实验室所用的热电偶分度曲线均经本实验室温度标定台标定。标定时所用的标准仪表视精度要求可选用一等标准水银温度计、二等标准水银温度计或二等标准铂电阻温度计。在 0～100 ℃范围内,采用恒温水浴造成均匀温度场。本实验室所用恒温水浴的温度场均匀度为最大偏差≤0.01 ℃,工作区最大水平温差为0.005 ℃。实验用热电偶由直径为 0.1～0.2 mm 的铜-康铜材料制成,在 16～90 ℃范围内,温度 $t$(℃)与热电势 $E$(mV)的关系式为

$$t = 0.0739 + 26.8582E - 0.4039E^2 \qquad (6-13)$$

## 6.2.2 电位差计

电位差计的工作原理如图 6-12 所示,其中:$E_n$ 为标准电池,其电动势为恒定值;$H/n$ 为检流计,E 为工作电池。

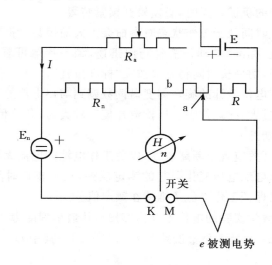

图 6-12 电位差计工作原理图

如有电流流过检流计,其指针会向左右偏移。K 位置为校正标准电流位置,调节 $R_a$,从而调节 $I$ 使检流计中无电流流过(使检流计指针在零位置,无左右偏移)。此时

$$IR_n = E_n$$

所以

$$I = \frac{E_n}{R_n}$$

测量时,将开关扳向 M 位置,与被测电势 $e$ 相接。移动可变电阻 $R$ 的滑动接触点 a,同样使检流计中无电流流过,此时

$$e = IR_{ab} = \frac{E_n}{R_n}R_{ab}$$

由于 $R_n$、$E_n$ 均已知,所以 $R_{ab}$ 的大小就代表了 $e$ 的大小,在电位差计上已直接表示为电势值。

电位差计的使用步骤如下。

(1)调节检流计的机械零点。

(2)调节工作电流 $I$ 至额定值,将开关置于 K 位置并调整 $R_a$,使检流计中无电流流过。

(3)进行测量:连接被测电势,将开关置于 M 位置,改变 R 使检流计中无电流通过,即可得到读数。

电位差计使用时的注意事项如下。

(1)电位差计不能摆动、倒翻、极柱不能接错。

(2)调节检流计的机械零点时,必须松开锁紧装置。

(3)标准电池长时间处于工作状态时寿命会大大缩短甚至损坏,为此当调节工作电流时,开关按至"标准"的动作需轻巧而迅速,稍一接触可看出检流计偏移方向,即应将开关断开,切忌长时间将开关按在"标准位置"。

(4)测量时先将电位差计的旋转刻度盘读数调到与热电势差不多大小的位置,以免检流计的偏移过大,损坏仪表。当检流计偏移较大时,开关稍一接触可看出检流计偏移趋势时即断开。

(5)不工作时,开关应置于断路位置,以免工作电池的电流无谓损失。

(6)为减少工作电池电压变化引起的测定误差,在一较长时间的测定过程中,应及时复调标准,以保证工作电流 $I$ 维持在额定值。

本实验中用于教学实验的电位差计为 UJ37,其最小刻度为 0.1 mV,可以估计读到 0.01 mV。UJ37 的最大测量误差为 $U_{max} \times 0.1\%$,其中 $U_{max}$ 为电位差计滑盘量程档的最大值。

## 6.2.3  直流数字电压表

进行测量的目的是要获得被测物理量的数值。在测试仪表上显示被测量大小的方法有三种:模拟显示、数字显示与图象显示。模拟显示利用指针在标尺上的不同相对位置来显示不同的读数,例如用指针式的电压表来测定电压时,就是一种模拟显示。数字显示则利用数字来显示被测量的读数。采用屏幕显示被测量读数或变化曲线的方法是图象显示。在非电量电测技术中,传感器(例如测量温度的热电偶)的输出信号大都是连续变化的模拟量,所谓模-数转换(又称 A/D 转换)是把连续变化的模拟量转换成二进制或十进制的数字量。实现模数转换的方法很多,此处不拟细述,有兴趣的读者可参阅文献[10]。

本中心的教学实验中采用 PZ114 型和 PZ150B 型直流数字电压表来测定热电偶的热电势。

PZ114 型数字电压表的核心部分是一个双斜式 $4\frac{1}{2}$ 位 A/D 转换器。该转换器采用单片 CMOS 大规模集成电路,具有自动校正零位、自动转换极性和量程等功能。PZ114 型数字电压表的自动量程有 200mV –2V –20V –200V 共 4 档,手动量程有 1000V 一档,最小量程 200mV 档的灵敏度为 10 $\mu$V,基本误差为 $\pm(0.04\%$读数 $+0.015\%$满度),测量热电势即用此量程档。

PZ150B 型直流数字电压表是具有 $5\frac{1}{2}$ 位字长和 $0.1\mu$V 电压分辨率的带微机技术的电子测量仪表。它采用脉冲调宽式 A/D 转换技术,即将被测信号调制成脉冲信号经微处理机进行数字处理,然后以 7 位 LED 显示。PZ150B 电压表测量量程有 20mV –200mV –2V –20V –200V 共 5 档,测量热电势所用最小量程档的分辨率为 $0.1\mu$V,基本误差为$\pm(0.005\%$读数 $+1.0)\mu$V。

使用数字电压表应注意以下几点。

(1)插好电源线之后再开启电压表电源开关,以免烧断保险丝。

(2)开启电源,预热 1 小时后(PZ150B 要求必须在输入端短路状态下预热),即可进行测量。

(3)经剧烈条件变化或长期不用的仪表在首次使用时需要预热 3~4 小时。

(4)被测热电势从前面板输入,注意量程按钮和输入端正确连接,测量电压不要超过仪表所允许的测量范围。

### 6.2.4  红外热像仪

红外热像仪(Infrared Thermograph)是用红外摄像机拍摄物体的红外照片(可以是某一瞬间的照片也可以是一段时间内的视频),并对照片进行分析从中得出物体表面温度分布的现代化测温仪器。

取得从目标各部分射出的红外辐射分布,并将其转换成肉眼可见的光学信号(例如黑白照片中的灰度或彩色照片中的各种颜色),这就是红外成像技术。

红外摄像机感受到的辐射是物体的有效辐射,即

$$J = E + (1-\alpha)G \tag{6-14a}$$

式中:$J$——物体的有效辐射能;

$E$——物体的自身辐射；

$\alpha$——吸收率；

$G$——外界对该物体的投入辐射。

对于灰体，式(6-14a)为

$$J = \varepsilon E_b + (1-\varepsilon)G \qquad\qquad (6-14b)$$

由式(6-14b)可见，如果反射部分$(1-\varepsilon)G$可以忽略不计，而且目标表面黑度$\varepsilon$已知，则由测定的$J$可以推知同温度下的$E_b$(黑体的辐射力)，从而决定目标表面的温度。因此，被测目标的表面黑度越大，在温度相同时，发射出的辐射力$E$(即自身辐射)越大，热像仪的灵敏度就越高，同时，反射辐射$(1-\varepsilon)G$就越小，由红外照片分析而得的目标表面温度就越接近实际。大多数工程材料的黑度都比较大，可以适应上述要求。

被测目标本身温度与环境温度之差对热像仪的准确度有什么影响？红外摄像机的镜头为什么不能用玻璃制成(实际上是用镍制成的)？假如目标表面上有一个小孔，该孔深入到物体的内部(见图6-13)，此时，如果目标表面上的温度分布是均匀的，用红外摄像仪测出的结果是否是一均匀的温度场，为什么？这些问题请读者自己思考。

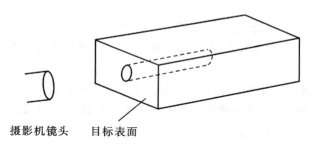

摄影机镜头　　　目标表面

图6-13　红外热像仪测温示意图

### 6.2.5　功率表

实验室使用的功率表均为电动式仪表。在电动式仪表内部，有一个位于磁场中、用较粗导线绕制的活动线圈，其中通过负载电流，称为电流线圈。被测电流的一部分通过不动线圈(又称电压线圈，用较细的导线绕制)产生了上述磁场。电压线圈与一个适当的电阻并联后跨接在负载两端(有时需跨接在负载及电流线圈的两端)。在电动式仪表中，作用磁场为交变磁场，作用电流为交变电流，因而在磁场与电流的相对作用力矩中有一个方向不变的分量，正是这一分量推动仪表指针发生偏移。这就是电动式仪表可以测定交流电功率的原因。

在本教学实验中常使用 D26-W-T 型及 D39-W 型电动式功率表。

D26-W-T 型功率表的表面满刻度为 150 格,电压档有 75V、150V 及 300V 三种,当电流档接为 1A 时,与这三种电压对应的满刻度功率值分别为 75W、150W 及 300W;当电流档接为 0.5A 时,则满刻度功率为上述值的一半。因此,记录数据时应先确定所接线满刻度的功率值。该仪表等级为 0.5 级。

D39-W 型功率表满刻度为 100 格,实际测定的功率 $P$ 需按下式换算

$$P = C \cdot \beta \qquad (6-15)$$

式中:$\beta$——仪表指针偏转格数;

$C$——仪表常数,根据电流档的量程及电压档的量程按表 6-1 查取。

表 6-1　D39-W 型低功率因数瓦特表仪表常数值

| 额定电流 / A | 额定电压 / V | | | |
| --- | --- | --- | --- | --- |
| | 25 | 50 | 100 | 200 |
| 0.25 | 0.0125 | 0.025 | 0.05 | 0.1 |
| 0.50 | 0.025 | 0.05 | 0.1 | 0.2 |
| 5.0 | 0.25 | 0.5 | 1.0 | 2.0 |
| 10.0 | 0.5 | 1.0 | 2.0 | 4.0 |

D39-W 型低功率因数瓦特表的基本误差不超过测量上限的 ±0.5%。该仪表的功率因数为 0.2,表 6-1 中的 $C$ 值可按下式计算

$$C = 0.2 \times 额定电流 A \times 额定电压 V/100$$

使用功率表时应注意以下几点。

(1)如果使用前指针不在零位,应通过表盖上的调零器将指针调至零位。

(2)测量时如遇到指针反向偏转,对于 D39-W 型功率表,应改变电压换向开关的位置;而对于 D26-W-T 型功率表,可交换电压线圈两根引线接头的位置。

(3)接线时应根据负载的阻值及功率表电压线圈、电流线圈的阻值(一般在功率表的面板上给出)选择合理的接线方式及量程开关。

# 6.3 误差分析与实验数据整理

实验数据的处理是实验技能中最重要的基本功之一,必须给予足够的重视。此处只介绍与本教学实验有关的基本内容,对这一问题的讨论可参见文献[1,2,3,4]。

## 6.3.1 有效数字

如果采用最小刻度为 1℃的水银温度计测量室温,那么包括估计的一位在内,可以判读 1/10 刻度值,即 0.1℃,例如 24.5℃,这里"2"、"4"和"5"都是观测所得,称为有效数字,其中 24 是准确的,最后一位则是估计的,具有一定误差。

实验测得的数据中,有效数字与数值有一定区别,它不仅表示数量的大小,还表示该量的测量精确性。从上面的例子可以看出以下几点。

(1)有效数字的多少由测量仪器精度决定,不能随便增减。上例中的温度计只能读到 0.1℃,因此可得 3 位有效数字,如果需要获得 4 位有效数字,则采用的温度计必须带有 0.1℃的刻度。

(2)如果室温恰好是 24℃,那么对带有 0.1℃刻度的温度计来说应该写成 24.00℃(注意:这时"0"也是有效数字,不能任意多写或少写)。

(3)表示小数点位置的"0"不是有效数字。例如 0.00120 m 中前面的 3 个"0"不是有效数字(最后一个"0"是有效数字)。否则我们可以通过改换单位的办法"提高"测量精度(如写成 0.00000120 km 来"增加"有效数字),这显然是荒谬的。因此应该将 0.00120 m 写成 $1.20 \times 10^{-3}$ m,$1.20 \times 10^{-6}$ km,$1.20 \times 10^{3}$ $\mu m$,$\cdots$(即明确表示出 3 位有效数字)。

(4)任何数字运算都不能增加有效数字的位数。例如,我们测得 3 个不同的温度为 24.5℃,23.3℃,27.0℃,那么在此测量下得出的平均温度将是 $\frac{24.5+23.3+27.0}{3} \approx 24.9$℃,而不是根据计算结果写成 24.93℃(这样就是默认可通过加减乘除来提高精度)。

(5)当一个被测量的数值需要通过几个仪表联合测定时,其有效数字位数一般取各仪表读数中有效数字最少的那个。

使用有效数字的目的在于避免不必要的繁复计算,使实验结果能够反映测量仪表的精密程度,同时有助于选择适当的仪器精度。

## 6.3.2 误差分析

由实验测得的结果都不可避免存在误差，误差大小由仪器设备、当时情况及实验者技术等条件决定。一般将误差分成以下三类。

(1)偶然误差。无固有规律的误差，如读水银温度计时人的视差，人当时注意力的集中程度等均会产生偶然误差。根据概率论，一般可采取多次测量后取平均值的方法消除偶然误差。

(2)系统误差。当误差数值恒定不变或按某一确定规律变化时，称为系统误差。如1级电流表和0.5级电流表的系统误差就有所不同，后者更小一些。

(3)粗大误差。由于测量者操作疏忽和失误，或测量条件突然变化（如电源电压突然增高或降低、雷电干扰、机械冲击和振动等），使得测量结果明显超出统计规律预期值的误差称为粗大误差。由于该误差很大，明显歪曲了测量结果，故应按照一定的准则进行判别，将含有粗大误差的测量数据予以剔除。

被测量真值，是指对该被测量进行无穷多次测量以后取得的算术平均值，一般测量次数是有限的，故平均值只是近似真值，或称最佳值。绝对误差是该被测量的各次测量值与最佳值之差。相对误差是指绝对误差与最佳值之比。相对误差有时也可以用百分值来表示，称百分误差，即

$$相对误差 = \frac{\Delta m}{m} \times 100\%$$

式中：$m$——测量的最佳值（近似真值）；

$\Delta m$——绝对误差。

在实际测量中，很多量都不能通过直接测量得到，如最简单的直流功率测量就常用电流表和电压表分别测量电流及电压，所以功率测量的误差应包含电流表误差及电压表误差，这就是间接测量结果的误差。

如果间接测量量 $y$ 通过 $n$ 个直接测量量 $x_i(i=1,2,3,\cdots,n)$ 根据函数关系

$$y = f(x_1, x_2, x_3, \cdots, x_n)$$

计算得到，且 $n$ 个直接测量量 $x_i(i=1,2,3,\cdots,n)$ 彼此各不相关，则有

$$\Delta y = \left| \frac{\partial f}{\partial x_1} \Delta x_1 \right| + \left| \frac{\partial f}{\partial x_2} \Delta x_2 \right| + \left| \frac{\partial f}{\partial x_3} \Delta x_3 \right| + \cdots + \left| \frac{\partial f}{\partial x_n} \Delta x_n \right|$$

式中：$\frac{\partial f}{\partial x_i}$——误差的传播系数。

间接测量结果的误差通常使用标准方差的形式表示，即

$$\Delta y = \sqrt{\left(\frac{\partial f}{\partial x_1}\right)^2 \Delta x_1^2 + \left(\frac{\partial f}{\partial x_2}\right)^2 \Delta x_2^2 + \left(\frac{\partial f}{\partial x_3}\right)^2 \Delta x_3^2 + \cdots + \left(\frac{\partial f}{\partial x_n}\right)^2 \Delta x_n^2}$$

$$(6-16)$$

由式(6-16)可以看出,计算误差 $\Delta y$ 的结果由各独立项 $\Delta x$ 的测量准确度决定。因此,若其中某一测量值的误差远大于其它测量值的误差,则 $y$ 的测量误差主要受此大误差的参数的影响,其它参数的误差可以忽略。根据误差分析,在实验前确定最大的误差项,可以更合理的设计实验和选择仪表,即指明提高测量精度的方向。此外,对一些误差较小的参数,其测量精度不必要求太高,甚至可以适当降低其测量仪表的精度等级,以便节省成本。

将式(6-16)应用到传热学实验时,可得如下误差公式。

(1)平板导热系数的测定。

计算公式

$$\lambda = \frac{\Phi\delta}{(t_{w1} - t_{w2})A} \tag{6-17}$$

误差

$$
\Delta\lambda = \sqrt{\left(\frac{\partial\lambda}{\partial\Phi}\right)^2\Delta\Phi^2 + \left(\frac{\partial\lambda}{\partial\delta}\right)^2\Delta\delta^2 + \left(\frac{\partial\lambda}{\partial A}\right)^2\Delta A^2 + \left(\frac{\partial\lambda}{\partial t_{w1}}\right)^2\Delta t_{w1}^2 + \left(\frac{\partial\lambda}{\partial t_{w2}}\right)^2\Delta t_{w2}^2}
$$

$$
= \left\{\left[\frac{\delta}{(t_{w1} - t_{w2})A}\right]^2\Delta\Phi^2 + \left[\frac{\Phi}{(t_{w1} - t_{w2})A}\right]^2\Delta\delta^2 + \left[\frac{\Phi\delta}{(t_{w1} - t_{w2})A^2}\right]^2\Delta A^2 + \right.
$$

$$
\left.\left[\frac{\Phi\delta}{(t_{w1} - t_{w2})^2A}\right]^2\Delta t_{w1}^2 + \left[\frac{\Phi\delta}{(t_{w1} - t_{w2})^2A}\right]^2\Delta t_{w2}^2\right\}^{\frac{1}{2}} \tag{6-18}
$$

(2)圆球法测导热系数。

计算公式

$$\lambda = \frac{\Phi}{2\pi(t_{w1} - t_{w2})}\left(\frac{1}{d_1} - \frac{1}{d_2}\right) \tag{6-19}$$

误差

$$
\Delta\lambda = \sqrt{\left(\frac{\partial\lambda}{\partial\Phi}\right)^2\Delta\Phi^2 + \left(\frac{\partial\lambda}{\partial d_1}\right)^2\Delta d_1^2 + \left(\frac{\partial\lambda}{\partial d_2}\right)^2\Delta d_2^2 + \left(\frac{\partial\lambda}{\partial t_{w1}}\right)^2\Delta t_{w1}^2 + \left(\frac{\partial\lambda}{\partial t_{w2}}\right)^2\Delta t_{w2}^2}
$$

$$
= \left\{\left[\frac{1}{2\pi(t_{w1} - t_{w2})}\left(\frac{1}{d_1} - \frac{1}{d_2}\right)\right]^2\Delta\Phi^2 + \left[\frac{\Phi}{2\pi d_1^2(t_{w1} - t_{w2})}\right]^2\Delta d_1^2 + \right.
$$

$$
\left[\frac{\Phi}{2\pi d_2^2(t_{w1} - t_{w2})}\right]^2\Delta d_2^2 + \left[\frac{\Phi}{2\pi(t_{w1} - t_{w2})^2}\left(\frac{1}{d_1} - \frac{1}{d_2}\right)\right]^2\Delta t_{w1}^2 +
$$

$$
\left.\left[\frac{\Phi}{2\pi(t_{w1} - t_{w2})^2}\left(\frac{1}{d_1} - \frac{1}{d_2}\right)\right]^2\Delta t_{w2}^2\right\}^{\frac{1}{2}}
$$

$$\tag{6-20}$$

(3)对流换热表面传热系数的测定。

计算公式

$$h = \frac{\Phi}{A(t_w - t_f)} \tag{6-21}$$

误差

$$\Delta h = \sqrt{\left(\frac{\partial h}{\partial \Phi}\right)^2 \Delta \Phi^2 + \left(\frac{\partial h}{\partial A}\right)^2 \Delta A^2 + \left(\frac{\partial h}{\partial t_w}\right)^2 \Delta t_w^2 + \left(\frac{\partial h}{\partial t_f}\right)^2 \Delta t_f^2}$$

$$= \left\{\left[\frac{1}{A(t_w - t_f)}\right]^2 \Delta \Phi^2 + \left[\frac{\Phi}{(t_w - t_f)A^2}\right]^2 \Delta A^2 + \right. \qquad (6-22)$$

$$\left. \left[\frac{\Phi}{A(t_w - t_f)^2}\right]^2 \Delta t_w^2 + \left[\frac{\Phi}{A(t_w - t_f)^2}\right]^2 \Delta t_f^2 \right\}^{\frac{1}{2}}$$

### 6.3.3 传热实验的数据整理

在整理对流换热的实验数据时,由于实验关联式的形式为 $y = Cx^n$,此类型关联式在双对数坐标下是一条直线,因此常将实验结果表示在双对数坐标纸上(见图 6-14),并根据实验数据,采用目测法或最小二乘法求出 $C$、$n$,画出一根代表性直线。

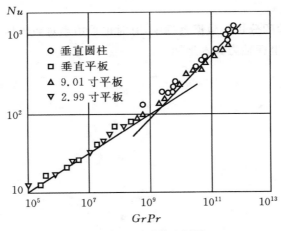

图 6-14 双对数坐标图

作图时,应注意下面几点。

(1)以充分利用纸张为原则,勿使所得图纸偏向一边或一角。

(2)起点和标度(每厘米所代表各物理量的数值)要适当,要能容易地直接读出每一点的坐标数值,起点不一定从零点开始。

(3)坐标轴上要标明名称,对有量纲的量应注明单位,在每个坐标的代表位置应标出坐标值。

(4)绘制实验点时,必须在点外围以小圆圈(见图 6-14)表示,以使图示醒目;将不同条件下的实验数据整理到一张图上时,应采用不同的符号,如○、△、□等。

(5)当用目测方法绘制直线时,应使直线与各实验点之间的偏差平均值尽可能小,推荐采用由最小二乘法决定的 $C$ 及 $n$ 绘图。

图 6-14 为采用上述方法整理的垂直平板与圆柱体外自然对流换热实验结果曲线[12]。

用最小二乘法计算 $C$ 及 $n$ 的公式如下

$$n = \frac{\left(\sum_i X_i\right)\left(\sum_i Y_i\right) - m\left(\sum_i X_i Y_i\right)}{\left(\sum_i X_i\right)^2 - m\sum_i (X_i^2)} \qquad (6-23)$$

$$\lg C = \frac{\left(\sum_i X_i Y_i\right)\left(\sum_i X_i\right) - \left(\sum_i Y_i\right)\left(\sum_i X_i^2\right)}{\left(\sum_i X_i\right)^2 - m\sum_i (X_i^2)} \qquad (6-24)$$

式中:$X_i$——第 $i$ 个测点横坐标的对数值;

$Y_i$——第 $i$ 个测点纵坐标的对数值;

$m$——总测点数。

在传热学实验的分析与数据整理中,有时也采用半对数坐标,即一个坐标轴为对数坐标,另一个坐标轴为算术坐标。

# 第7章 传热学演示实验

## 7.1 温度计套管材料对测温误差的影响

温度计套管测量误差演示实验装置如图7-1所示。测量管道或容器中的流体温度时,往往在需要测温位置的壁面处安装测温套管,如图7-2所示。测温套管可以防止将温度计直接插入管道或容器时引起的流体泄漏或大气漏入。

图7-1 温度计套管测温误差演示实验装置

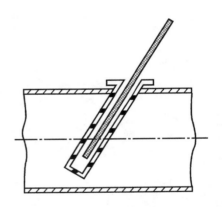

图7-2 温度计套管示意图

温度计套管的导热系数对测温准确度有很大影响。在本演示实验中,分别采用铜和钢制成长度及壁厚都相同的两根套管,一同置于管道转弯处。管道下端装有电热风扇,开始实验时,先打开冷风开关,使室温下的空气流经温度计,观察两根温度计的读数是否基本一致。再打开热风开关,观察两根温度计中读数上升的情况,无论是瞬态工况或最终达到的稳态工况,两根温度计的读数都有明显差别。

如何减小测温误差?从温度计套管的一维导热的物理过程来看,可以得出如图7-3所示的热阻定性分析图。图中 $T_\infty$ 为储气筒外的环境温度,$R_1$ 代表套管顶端与流体间的换热热阻,$R_2$ 代表套管顶端到根部的导热热阻,$R_3$ 代表储气筒外侧与环境间的换热热阻。显然,要减少测温误差,应使套管顶端温度 $T_H$ 尽量接近于

流体温度 $T_f$，即应尽量减小 $R_1$ 而增大 $R_2$ 及 $R_3$。

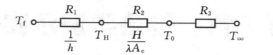

图 7－3　温度计套管测温误差热阻分析图

思考题

（1）温度计套管材料的导热系数对测温误差有何影响？

（2）采用温度计套管时，可以采取哪些措施来提高测温精度？

# 7.2 扩展表面及紧凑式换热器

本实验室收集了一批国产强化传热元件,主要包括各种形式的翅片管(L型翅片管、LL型翅片管、皱折翅片管、镶嵌式翅片管、螺旋缠绕翅片椭圆管、矩形翅片椭圆管)、板翅式换热器及翅片元件(平直型翅片、锯齿型翅片、多孔型翅片、百叶窗翅片等)、外螺纹管(包括二维和三维的)、内肋管和管内插入物等,旨在让学生对强化传热原理和常用的强化传热元件具有基本的认识和了解,部分强化传热元件如图7-4所示。

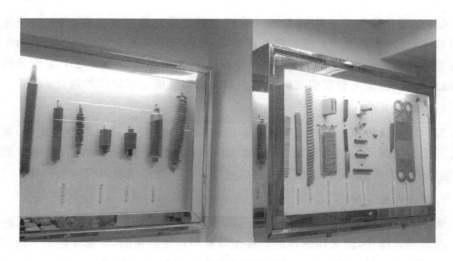

图7-4  强化传热元件

## 7.2.1 各种形式的翅片管

### 1.L型翅片管(见图7-5)

此型管将L型翅片缠绕在钢管上,两端用焊接方法固定即为L型翅片管。翅片的L形状加大了翅片与基管的接触面积,因而减小了翅片与基管间的表面接触热阻。由于翅片是借缠绕的初始应力紧固在钢管表面,因此使用温度低(一般在100℃左右),当温度过高时,翅片会松动,在间隙处易产生腐蚀,且使接触热阻增大。这种翅片传热性能较低,但制造工艺简单,价格便宜,一般用于工作条件较平稳、温度无突变的场合。

2.LL 型翅片管（见图 7-6）

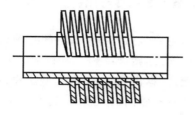

图 7-5　L 型翅片管

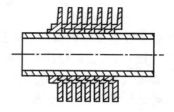

图 7-6　LL 型翅片管

LL 型翅片管加工方法同 L 型。不同点是翅片底边彼此重叠，可以防止翅片轴向移动，且翅片在管外形成紧密的覆盖层，可使管子免受大气腐蚀。同时由于翅片与管子间接触较紧，接触热阻减少，传热性能有所提高。一般用于工作条件平稳，温度无突变，使用温度稍高（110℃左右），防腐性能要求较高的场合。

3.皱折翅片管

皱折翅片管将翅片缠绕至管子时采用皱曲的方法缩短翅根部分长度，为减少翅片与管子表面间的接触热阻，可以镀锡（或锌）。皱折使扰动增加，传热性能改善，但也使阻力增大，翅片表面结垢。这种翅片管一般用于暖风机和散热器。

4.镶嵌式翅片管

镶嵌式翅片管制造时在基管表面压出螺旋槽（槽深一般为 0.25 mm），同时将翅片根部镶入槽中，然后用滚压的方法使翅根与槽紧密接触，将翅片固定。由于翅片和基管紧密接触几乎成为一体，因此二者之间的接触热阻很小。这种翅片管传热性能较好，工作温度最高可达 400℃，但不耐腐蚀，造价较高。

5.螺旋缠绕翅片椭圆管

这种管子断面为椭圆，其长轴与外掠介质流动方向平行，因而流动阻力较小且管子可以更紧密地排列。经镀锌（或镀锡）后可提高表面抗腐蚀性能和减少翅片与管壁间的接触热阻。

6.矩形翅片椭圆管

矩形翅片椭圆管的矩形翅片系冲压而成（见图 7-7），其上的椭圆孔带有凸缘，凸缘高度视翅片节距而定。翅片的四角上冲有扰流孔，翅片套在管子上，然后镀锌（或锡）固定。椭圆管有较好的气动特征，流动分离点随长短轴之比的增大而后移，减少了管后的漩涡区，在 Re 数不太高时对增强换热有利，同时流动阻力也较小。翅片上的扰流孔有增强换热的作用，串片后镀锌不仅提高了防腐性能也减少了接触热阻。椭圆管上的矩形翅片效率比尺寸相当的圆翅片高（约高8%）。短边迎风的布置占空间容积较小，约为圆形翅片的80%左右。这种翅片管的缺点是：管束的维护、检修比较困难，造价较高，不能耐高压，一般最高用到45 kg/cm²。

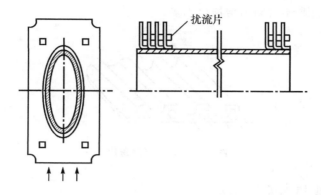

扰流片

图7-7　矩形翅片椭圆管

## 7.2.2　板翅式换热器的翅片元件

板翅式换热器的总体结构大致如图7-8所示。由于其结构紧凑，单位体积换热器中换热面积较大，因此在化工、制冷、低温等领域应用很广。工程中常常把单位体积换热器中的换热面积大于700(m²/m³)的称为紧凑式换热器。板翅式换热器大多属于此类。

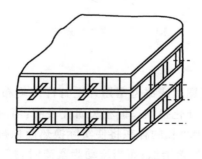

图7-8　板翅式换热器

板翅式换热器的换热表面可分为基础表面（又叫一次表面）及翅片（二次表面）两部分。二次表面的形式很多。主要有以下几种。

## 1. 平直型翅片(见图 7-9)

流体在这种翅片通道内运动时,相当于在一个细长的长方形管道内流动,此时翅片仅起到增加传热面积及减少当量直径的作用,并未增加流动边界层中的扰动,因而换热增强有限,不过阻力增加也不多。

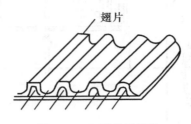

图 7-9   L平直型翅片

## 2. 锯齿型翅片(见图 7-10)

当流体流经这种翅片表面时,流动边界层经历了不断地被切断和重新发展的过程,使边界层中的扰动大大增加,因而促使换热强化,热流阻力也因之增加。

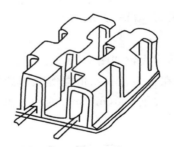

图 7-10   锯齿型翅片

## 3. 多孔型翅片

多孔型翅片是在平直翅片或锯齿型翅片上打许多均布的小孔制成的,目的在于增加气流扰动以进一步强化换热。但相关研究表明:当流动为层流时,打孔虽然可使换热有所强化,但由于小孔的存在将使实际换热面积减少,因此换热面积与传热系数的乘积 $kA$ 并没有显著增加;而当流动为紊流时,打孔不仅对增强传热没有多大益处,还会使流动阻力增加。所以,对于无相变的对流换热,多孔型翅片并不理想,但在有相变的场合,多孔型翅片却能起到增强传热的作用。

上述三类翅片本实验室均有实物,同时展出的还有构成板翅式换热器的其它附件(如封条等)及两种板翅式换热器实物。

### 7.2.3　整体式低螺纹管

自 1940 年世界上第一根整体低螺纹管问世以来,低螺纹管换热器已广泛应用于单相介质的强制对流、沸腾及凝结换热中。特别是低沸点介质(如氟里昂)的冷凝器,国内各主要生产厂家几乎都曾经采用这种管子。商用螺纹管一般由铜管整体轧制而成,每根管子两端都有一平直段,以便安装时进行胀接。肋片高度一般在 $1.2\sim5.7$ mm 之间,肋片数可在 640 片/m 到 1378 片/m 之间变化。实验证实,当肋片高度与间距配合适当时,肋片不仅使换热面积增大,还可使凝结液膜减薄,从而显著强化凝结换热。

### 7.2.4　锯齿管

从二十世纪七十年代中期以来,日本日立公司相继研制出一些高效的强化沸腾及凝结传热面,称为"Thermoexcel"系列表面。其中有用于沸腾换热的多孔表面及用于凝结的锯齿管(见图 7-11),都是采用机械加工方法在普通金属表面上制出一层多孔性金属层。当液体沸腾时,这些小孔成为许多汽化中心,将大大降低沸腾时所需的过热度,从而强化沸腾换热。在 1980 年芝加

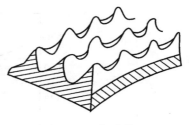

图 7-11　锯齿管

哥召开的国际强化传热会议上,Thermoexcel 系列表面被认为是当时最优的强化换热面之一。

国内有关单位目前普遍生产这种高效传热管。本实验室展出的是我国某单位研制的一种锯齿管(见图 7-11)。锯齿管表面尖锐的齿端可以增强凝结液滴下落的能力,使液膜减薄,从而增强换热。R113 及 R11、R12 的凝结实验表明,在相同冷凝温度下,锯齿管凝结换热系数是光管的 $8\sim12$ 倍,是普通螺纹管的 $1.5\sim2$ 倍。

### 7.2.5　内肋片管及管内插入物

内肋片管是强化管内对流换热的一种手段。管内肋片可以由基体金属整体轧制而成,也可以用其他金属做成肋片后插入。这种内肋片管既可用于单相介质的对流换热(如空气的冷却或加热),也可用于有相变时的换热(如氟里昂蒸发器中用以蒸发氟里昂)。电厂锅炉的再热器中也使用内肋片管,此时肋片对强化换热并无

多大益处,主要用于使管壁温度更接近管内流体的温度。

管内插入物也可用于强化管内对流换热。常用的插入物有螺旋线及俗称麻花片的元件。

### 7.2.6 换热器表面的防腐涂料

换热器在长期运作中的主要问题之一是换热表面结垢与腐蚀。目前我国有关单位已研制出一种碳钢水冷器防腐涂料,将其涂于碳钢换热器表面及管板上,可获得非常光滑的涂层表面,这种表面不易结垢,也不易形成微生物的吸附,便于清洗,流动情况接近于水力光滑管。涂层厚度一般不大于 $60~\mu m$,涂料的导热系数约为 $0.7~W/(m \cdot K)$。虽然涂层的存在增加了导热热阻,但由于结垢较少,因此在运行一段时间后,传热性能反比不敷涂料的换热器更好(见图 7-12)。目前我国在石油化工换热器、汽轮机冷凝器等水冷却器中均已采用这种涂料。

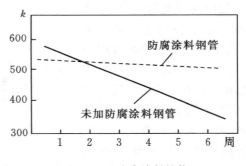

图 7-12 防腐涂料性能

### 7.2.7 思考题

(1)肋片面积越大,强化换热效果是不是越好?

(2)螺纹对强化换热起到哪些作用?整体式低螺纹管一般应用于哪些工程领域?

# 7.3 水平圆柱体四周空气自然对流换热的光学法演示

图 7-13 为阴影法测定边界层实验装置。当水平光线穿过密度均匀的流体时,光线将保持水平。但如果流体在垂直于光线的方向存在密度梯度,则各根光线将随其穿过的流体密度的不同,向不同方向折射,如图 7-14 所示。

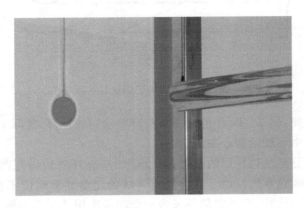

图 7-13 阴影法测定热边界层实验装置

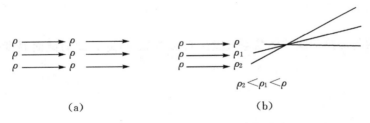

（a） （b）

图 7-14 流体密度对平行光线的影响

在热的横圆柱周围存在空气的热边界层,即横圆柱附近空气密度分布不均匀。如果令一束平行于横圆柱的光线穿过这层密度不均匀的空气,则会发生如图7-15所示的现象。空气温度从点 2 处的 $T_\infty$ 逐渐增大,直到圆柱表面上点 1 处达到 $T_s$。经过点 1 和 1′的光线折射程度最大,投射到屏幕 $EE'$ 上为点 6 和 6′;而点 2 处由于空气温度等于 $T_\infty$,因此经过该点的光线不发生折射,投射到屏幕 $EE'$ 上为点 5。点 1 和点 2 之间所有光线均发生折射,所以圆 4—4′ 和圆 5—5′ 之间的环形面积是阴暗的,圆 4—4′ 是横圆柱的影子,用以表示圆柱位置。点 2 和点 3 之间的光线落在 5 点和 6 点之间,点 1 与点 2 之间的光线经折射也落在点 5 和点 6 之间,因而环形面积 55′—66′ 显得特别明亮。

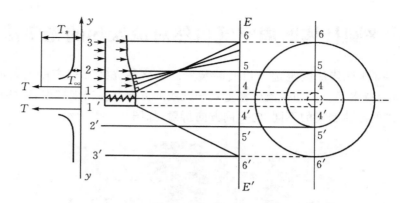

图 7 - 15　热边界层的阴影法显示原理图

　　为了描述方便,图 7 - 15 中的阴影及亮环都绘制成圆环,实际上它们都是对称于圆柱截面垂直中心线的似心形线。

　　显然阴影部分是热边界层的投影,可以证明从亮环外边缘到圆柱表面的距离正比于该处局部换热系数。由于这种测定方法的定量计算精度不高,因此已被其他方法(如干涉法)代替,然而它仍不失为一个简易实用的定性观察手段。

**思考题**

　　内部均匀加热的圆柱体与空气发生自然对流换热,其圆周截面温度分布均匀吗？为什么？

# 7.4  流体横掠管束时流动现象的演示

横掠管束流动演示实验装置如图 7-16 所示。

图 7-16　横掠管束流动演示实验装置

流体横掠单管时(见图 7-17),边界层从前驻点起沿管面逐渐增厚,层流状态下,在 $\varphi = 82°$ 处发生边界层分离,并于管子背后形成旋涡。

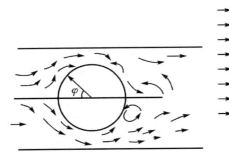

图 7-17　流体横掠单管

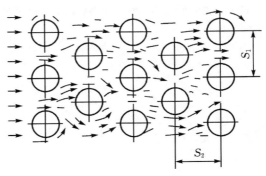

图 7-18　流体横掠错排管束

流体横掠错排管束时(见图 7-18),流动图像大致与横掠单管时相仿。流体横掠顺排管束时(见图 7-19),第一排情况与单管相仿,以后各排管的前半部分处于前排管边界层分离产生的旋涡之中,因而当 $Re$ 数不很高时冲刷强度较弱,这些流动特点都会影响换热系数。在本演示实验中采用特制的油槽来观察流体横掠单管、横掠顺排管束和错排管束的流动图象。机油经油泵加压后，从一排细孔中喷出，喷射在油面上形成大量泡沫，微小油泡沫流经机翼状叶片后，可显示出一条条流线，这些流线可形象地显示流体横掠圆柱体、顺排圆柱和错排圆柱时的流动特点。

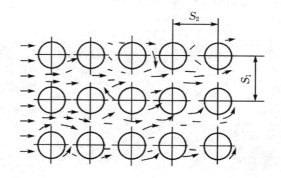

图 7-19　流体横掠顺排管束

## 思考题

　　(1)流体横掠管束流动时,后排管子的换热情况好,还是前排管子的换热情况好？其原因是什么？

　　(2)在绕流管束流动中,影响流体与管束平均换热性能的因素有哪些？

# 7.5　温度测量演示系统

温度测量实验演示如何利用传热学知识提高壁面温度和气流温度测量的准确度。其实验装置如图 7－20 所示。

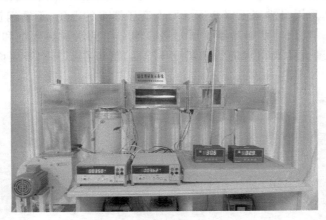

图 7－20　温度计测量误差演示实验装置

实验采用风机和风道提供稳定的空气流场,在风机出口利用电加热丝进行一级加热,实验中段利用一内装加热丝的圆管对空气进行二次加热,并在中部位置圆周上(等温)使用两对热电偶进行壁面温度测量,其中一对热电偶的热端与壁面紧密接触且热电偶丝直接引向外部,另一对热电偶则沿等温线(圆周方向)开 5 cm 长浅槽,将其热端埋在槽内(沿着槽长方向铺设)并用软金属材料压紧填平槽道,再引出壁面,以减少热电偶丝导热带来的测温误差。风道出口处,采用两个热电阻温度计对风道中心空气温度进行测量,其中一个热电阻使用遮热罩,以减少温度计的辐射换热从而有效提高气温测量的准确度。

## 思考题

(1)空气纵掠内部均匀加热的圆柱体时,其圆周截面温度分布均匀吗?

(2)简要阐述遮热罩的工作原理。

# 7.6  大空间沸腾现象的演示

大空间沸腾现象演示实验装置图如图 7-21 所示。本实验将大电流变压器的次级接到加热元件的两端(见图 7-22),以提供加热用大电流。加热元件是一根薄壁不锈钢管,采用自耦变压器 3 逐渐增大变压器 1 的电压,不锈钢管的表面温度随之逐渐升高。使用辅助加热器 4 预先将容器 2 中的水加热到饱和温度,这样当不锈钢管的温度大约高出水的饱和温度 5 ℃后,就可在不锈钢管表面观察到气泡(对应于图 7-23 中的 B 点)。

图 7-21  大空间沸腾演示实验装置

气泡首先在钢管表面的个别地点产生,随着大电流变压器初级电压的增大,电流开始增大,钢管表面温度逐渐升高,产生气泡的地方越来越多,沸腾越来越强烈;继续提高电流,使壁温达到 D 点温度,由于膜态沸腾的出现,沸腾换热系数突然减小,为使相当于 D 点热流密度的热量完全传给容器中的水,不锈钢管的表面温度应达到 E 点温度,这将超过不锈钢熔点,使钢管熔断,这就是烧毁现象。要想用电加热方法得到稳定的膜态沸腾是很困难的,但是可以采用下述方法观察到短暂的膜态沸腾现象。先将不锈钢管在空气中加热到赤红,然后放入水中,此时可以观察到一层蒸汽膜包围着钢管,并且汽膜迅速由钢管两端向中间收缩,这是因为钢管两端的冷却情况比中间好,因而使汽膜首先破裂。

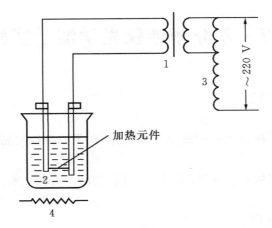

图 7 - 22  大空间沸腾实验装置简图

1—变压器;2—容器;3—自耦变压器;4—辅助加热器

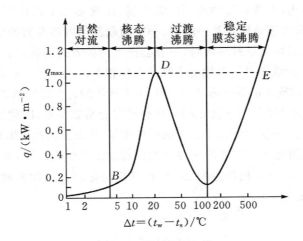

图 7 - 23  沸腾换热曲线

## 思考题

(1)举例说明采用控制热流密度与控制壁温来改变工况的方法。

(2)沸腾传热中,加热表面上什么位置最容易成为汽化核心,如何增加汽化核心数?

# 7.7 差分干涉仪光学演示实验

## 7.7.1 实验目的

(1)观察差分干涉仪显示的流场干涉图,分析干涉条纹与密度或温度分布的关系。

(2)了解干涉仪的光学原理,学习干涉仪的使用及实验技术。

## 7.7.2 实验原理

准确测量和研究气流的温度场、浓度场等十分重要,光学显示技术由于没有扰动气流的测试探头,光线对待测流场的温度场、浓度场无干扰作用,且光线传播迅速,因而可以准确快速地确定某一瞬时、一定面积范围内各参数的空间分布[20]。

当光线通过不均匀折射率场时,一般会产生两种方式的扰动:(1)光线偏离原来方向;(2)扰动光线相对于未扰动光线发生位相差。光干涉法利用光线通过流体的位相变化来研究流体折射率的空间分布,由于气体的光学折射率是密度的函数,且气体的温度、压力、浓度等与密度之间也具有确定的函数关系,因此通过折射率分布即可获得流体密度场、温度场或浓度场的干涉图像,从而正确推算出有关的测量值。

干涉仪是利用光干涉原理的一种测量仪器。由光学理论知,光是一种电磁波,对于振幅分别为 $A_1$、$A_2$,相位差为 $\Delta\varphi$ 且具有相同振动方向和振动周期 $T$ 的两束光,光波的表达式为

$$E_1 = A_1\cos\omega t \tag{7-1}$$

$$E_2 = A_2\cos(\omega t + \Delta\varphi) \tag{7-2}$$

式中:$\omega$——光波角频率,$\omega = \dfrac{2\pi}{T}$;

$\Delta\varphi$——相位差,$\Delta\varphi = 2\pi\dfrac{\Delta l}{\lambda_0}$;

$\Delta l$——两束光的光程差;

$\lambda_0$——真空中光的波长。

根据波的叠加原理,两束光波互相叠加后可以得到一个具有同样振动周期(或角频率)的合成波

$$E = A\cos(\omega t + \gamma) \tag{7-3}$$

式中:合振动振幅

$$A^2 = A_1^2 + A_2^2 + 2A_1A_2\cos\Delta\varphi \qquad (7-4)$$

位相因子

$$\tan\gamma = \frac{A_2\sin\Delta\varphi}{A_1 + A_2\cos\Delta\varphi} \qquad (7-5)$$

合成光波光强（$I \propto A^2$）与两束光的光强 $I_1$ 和 $I_2$ 间有如下关系

$$I = I_1 + I_2 + 2\sqrt{I_1 I_2}\cos\Delta\varphi \qquad (7-6)$$

上式就是描述双光束干涉现象的基本公式。由此可得：

当 $\Delta\varphi = \pm2\pi m$ 或 $\Delta l = \pm m\lambda$（$\lambda$ 为光线的波长）时，光强 $I$ 达到极大值 $I_{max} = (A_1 + A_2)^2$，称为相长干涉，呈现亮条纹。当 $\Delta\varphi = \pm(2m+1)\pi$ 或 $\Delta l = \pm(2m+1)\frac{\lambda}{2}$ 时，光强 $I$ 达到极小值 $I_{min} = (A_1 - A_2)^2$，称为相消干涉，呈现暗条纹。其中 $m = 0, \pm1, \pm2, \cdots$，称为干涉级次。这种在两束光叠加区域内，光强呈明暗相间分布的现象，称之为光的干涉现象，相应的亮、暗条纹称为干涉条纹。

当两束光具有相同的光强 $I_1 = I_2 = I_0$ 时，合成光强为

$$I = 4I_0\cos^2\frac{\Delta\varphi}{2} = 4I_0\cos^2\left(\frac{\pi\Delta l}{\lambda_0}\right) \qquad (7-7)$$

相应的最大值 $I_{max} = 4I_0$，最小值 $I_{min} = 0$，此时干涉条纹强度分布随着相位变化呈余弦函数平方的规律变化。

干涉仪通常把来自同一光源的光束分成两束，各自经过不同的路径，再将其聚合产生干涉。本实验所用半导体激光差分干涉仪，是将激光光源产生的光束分离成两束光，两相干光束通过测试区域的不同空间位置，由于测试区域内折射率变化的非均匀性，从而使两束光间产生位相差，形成干涉条纹。对干涉图进行计算可以获得流场中的密度或温度分布[21]。

### 7.7.3　实验装置

图 7-24 为差分干涉仪装置简图。干涉仪主要由半导体激光发生器、扩束镜、非球面镜、实验段、Wollaston（W）棱镜及偏振片、摄像机、监视器及导轨等组成。整个仪器由调节座支撑并安装在 2 根长 1.2 m 的精密导轨上。

差分干涉仪的核心部件是 Wollaston（W）棱镜，由半导体激光器输出的线偏振光经扩束镜扩束后，由针孔滤波器投射到非球面镜上，产生一束平行光穿过实验场，非球面镜把光束会聚到 W 棱镜上，W 棱镜分离的两束光通过同一测试段的不同区域时产生光程差，实现干涉效应。

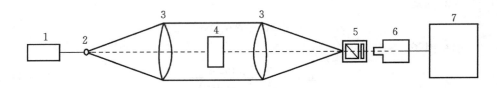

图 7-24　差分干涉仪简图

1—半导体激光发生器；2—扩束镜；3—非球面镜；4—实验测试对象；

5—Wollaston 棱镜及偏振片；6—CCD 摄像机及镜头；7—黑白监控器

### 7.7.4　实验台调节方法

（1）首先将导轨放置在平稳的平台上，按光路图将调节座放置在导轨上（除了半导体激光器外，不要放任何光学元件）；

（2）接通半导体激光器（注意电极不可接反！）；

（3）将打有小孔的调节板放在扩束镜的调节座上并靠近半导体激光器，然后调节半导体激光器使光束通过小孔；

（4）将调节板连同调节座放在第一根导轨的另一头，调节激光器的二维俯仰调节螺钉使光束通过调节板上的小孔，这样可以保证光束平行于导轨平面；

（5）将调节板放在第二根导轨的头部，调节支撑导轨的调节旋钮并横向调节导轨使光束通过小孔；

（6）将调节板放在第二根导轨的末尾，调节支撑导轨的调节旋钮并横向调节导轨使光束通过小孔，这样可以使第二根导轨与第一根导轨位于同一直线上；

（7）将调节板再放置在半导体激光器前，此时光束应通过小孔，如果未能通过小孔请重复步骤（3）—（6）；

（8）将 Wollaston 棱镜和偏振片放置在调节座上，使光束通过棱镜中心，然后用螺钉使调节座同导轨固定，并用白纸遮挡住后一个光学元件的光学表面（在以后的调节中应当注意固定调节座；在步骤（9）和（10）中，调节前一个光学元件时需用白纸遮住后一个光学元件的光学表面）；

（9）将第二根导轨上的非球面镜放在调节座上，可在调节板上观察到两个反射点，调节非球面镜的高度和二维俯仰可以使两个反射点基本通过小孔；

（10）将第一根导轨上的非球面镜放在调节座上，重复步骤（9）的调节过程；

（11）将调节板移去，放上扩束镜，调节高度和平移，使扩束后的激光在非球面镜的镜面范围内基本均匀；

（12）连接 CCD 摄像机和监控器，此时应能观察到载频条纹，前后移动 Wollaston 棱镜可以改变载频频率，旋转棱镜可以改变载频方向；

（13）对整个光路进行细调以观察到最佳结果，干涉条纹对比度可以通过旋转棱镜达到最佳，如仍未能达到最佳，可以同时旋转半导体激光器和棱镜。

# 第8章 传热学综合实验

## 8.1 稳态平板法测定绝热材料导热系数实验

### 8.1.1 实验目的

(1)巩固和深化稳态导热过程的基本理论,学习用平板法测定绝热材料导热系数的实验方法和技能;

(2)测定绝热材料的导热系数,得出其导热系数与温度的关系;

(3)学习误差分析的方法。

### 8.1.2 实验原理

物质导热系数的大小代表物质导热性能的强弱,在温度不高于 350 ℃时,导热系数不大于 0.12 W/(m·K)的材料称为绝热材料。导热系数的数值取决于材料的种类和温度等因素,其测定方法有稳态法与非稳态法。稳态平板法是将傅里叶导热定律应用于一维稳态导热过程,用来测定材料的导热系数,并研究材料的导热系数和温度关系的方法。

稳态导热时,通过薄壁平板(壁厚小于十分之一壁长和壁宽)的导热量 $Q$(W)为

$$Q = \frac{\lambda}{\delta} \cdot \Delta t \cdot A \qquad (8-1)$$

式中:$\lambda$——平板的导热系数,W/(m·K);

$\delta$——平板厚度,m;

$\Delta t$——平板冷热表面的温差,$\Delta t = t_R - t_L$,$t_R$ 为平板的热面温度,$t_L$ 为平板的冷面温度,℃;

$A$——平板导热面积,$A = \frac{\pi d^2}{4}$,$m^2$。

根据式(10-1)可以得出导热系数的计算公式为

$$\lambda = \frac{Q \cdot \delta}{\Delta t \cdot A} \qquad (8-2)$$

本实验通过电加热器加热平板试件,因此导热量 $Q$ 通过测定电加热器的电功率 $\Phi$ 获得,$t_R$ 和 $t_L$ 采用 PT100 铂电阻温度计测量。因此实验中要测定的物理量为电功率 $\Phi$、平板热面温度 $t_R$、冷面温度 $t_L$ 和厚度 $\delta$。

需要指出,由式(8-2)得出的实验结果是在当时平均温度下材料的导热系数,此平均温度为

$$\bar{t} = \frac{1}{2}(t_R + t_L) \tag{8-3}$$

### 8.1.3 实验装置

本实验有 6 套设备,实验装置由导热仪和恒温槽组成。导热仪如图 8-1 所示,左侧为电器箱,热板温度、冷板温度、热/护板温差在控制面板上显示。面板上配有功率调节旋钮,通过改变电流与电压来控制加热功率;导热仪右半部分为实验腔体,内部包括一个加热板、两块冷板、两个试件,试件采用竖向放置的方式。热板可以手动推移,冷板一个固定,另一个可通过旋转手轮水平移动。安装试件时需要配合移动热板及手轮,确保试件与冷热板紧密接触。

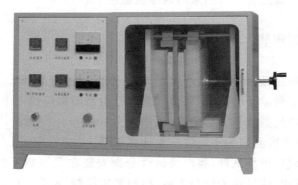

图 8-1  导热仪装置图

恒温槽采用智能化的微机控温,通过循环水浴控制冷板温度恒定。被测试件为绝热材料(泡沫、苯板和橡塑)。试件及冷热板布置如图 8-2 所示。

试件采用两块方形平板,尺寸为 300 mm×300 mm,试件标准厚度为 25 mm,最大厚度≤45 mm,两块试件分别放置在主加热板与冷板之间。主加热板直径为 150 mm,内部布置加热器,主加热板内部布置有两个 PT100 铂电阻温度计(主板温度计 1 和主板温度计 2,其平均值为主加热板的温度)。主加热板周围有护加热板,其外型尺寸为 300 mm×300 mm,内部环形直径为 152 mm,护加热板内部也布置有两个 PT100 铂电阻温度计(护板温度计 1 和护板温度计 2),测量护板温度,根

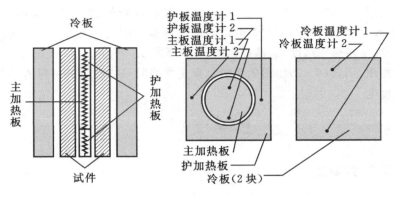

图 8 - 2    冷热板及试件布置示意图

据热/护板温差自动改变护板加热功率,确保护加热板的温度随时跟踪主加热板的温度变化,隔绝主加热板与外界之间的热量交换,从而克服热量的径向传递,确保热量仅沿试件厚度方向一维传递。冷板的尺寸为 300 mm×300 mm,内设有环形水道,通过恒温槽维持水温恒定,恒温水在环形水道内流动实现冷板表面温度均匀,冷板内部布置温度传感器用来测量冷板温度。

### 8.1.4  实验步骤

(1)按照教师指派,每个实验小组对其中一套设备进行实验。

(2)为了便于同学及时测量,每套实验台已由教师提前约 4 个小时进行预热。

(3)待主加热板温度基本稳定后,每隔十分钟进行一次测量,将所得数据记录在表 8 - 1 中,以 3 次测定的平均值作为计算依据。

(4)测试完成后更换试件,将两块试件分别安装在主加热板与两块冷板之间,缓慢摇动手轮机构,使试件表面与主板、冷板紧密接触,没有空隙。

(5)根据实验台标注的电压值调节加热功率,待达到稳定后按步骤(3)进行数据记录。

(6)实验结束后,调节功率旋钮至电压显示为 0,关闭导热仪电源和恒温水浴。

## 8.1.5　数据记录及整理

**表 8-1　稳态平板法测定导热系数原始数据记录表**

实验台号：　　；试件1苯板厚度：　　mm；试件2PC板厚度：　　mm；

| 试件 | 时间 | 加热电压/V | 加热电流/A | 热板温度/℃ | 冷板1温度/℃ | 冷板2温度/℃ | 冷热板温差/℃ | 是否达到稳态 | 导热系数/W·(m·K)$^{-1}$ | 测量温度/℃ |
|---|---|---|---|---|---|---|---|---|---|---|
| 试件1苯板 | | | | | | | | | | |
| | | | | | | | | | | |
| | | | | | | | | | | |
| | | | | | | | | | | |
| | | | | | | | | | | |
| | | | | | | | | | | |
| 试件2PC板 | | | | | | | | | | |
| | | | | | | | | | | |
| | | | | | | | | | | |
| | | | | | | | | | | |
| | | | | | | | | | | |
| | | | | | | | | | | |

(1)根据5次测量值,计算平均温度与平均电压、电流值。

(2)主加热器功率　　　　　　　$\Phi = I \cdot U$

式中：$I$——主加热器电流,A；

$\quad\quad U$——主加热器电压,V。

(3)由于设备为双试件型,加热量同时向左右两个试件传导,所以每个试件的导热量为加热功率的一半,即 $Q = \dfrac{\Phi}{2}$；

试件冷热面的温差 $\Delta t = t_R - t_L$,冷板有两块,因此冷面温度采用两块冷板温度的平均值,$t_L = \dfrac{t_{L1} + t_{L2}}{2}$。

(4)根据数据整理结果,导热系数的计算公式为

$$\lambda = \frac{U \cdot I \cdot \delta}{2(t_R - t_L)A}$$

导热系数的误差为

$$\Delta\lambda = \sqrt{\left(\frac{\partial\lambda}{\partial U}\right)^2 \Delta U^2 + \left(\frac{\partial\lambda}{\partial I}\right)^2 \Delta I^2 + \left(\frac{\partial\lambda}{\partial \delta}\right)^2 \Delta\delta^2 + \left(\frac{\partial\lambda}{\partial A}\right)^2 \Delta A^2 + \left(\frac{\partial\lambda}{\partial t_R}\right)^2 \Delta t_R^2 + \left(\frac{\partial\lambda}{\partial t_L}\right)^2 \Delta t_L^2}$$

$$= \left\{ \left[\frac{I\delta}{2(t_R - t_L)A}\right]^2 \Delta U^2 + \left[\frac{U\delta}{2(t_R - t_L)A}\right]^2 \Delta I^2 + \left[\frac{UI}{2(t_R - t_L)A}\right]^2 \Delta\delta^2 + \right.$$

$$\left. \left[\frac{UI\delta}{2(t_R - t_L)A^2}\right]^2 \Delta A^2 + \left[\frac{UI\delta}{2(t_R - t_L)^2 A}\right]^2 \Delta t_R^2 + \left[\frac{UI\delta}{2(t_R - t_L)^2 A^2}\right]^2 \Delta t_L^2 \right\}^{1/2}$$

$$(8-4)$$

对各测量量的误差估计如下：

①电压表和电流表的精度等级为 0.5 级,即最大误差为满量程的 0.5%；

②厚度 $\delta$ 的最大测量误差取为 0.1 mm；

③面积 $A$ 的最大相对测量误差取为 0.5%；

④温度 $t_R$ 和 $t_L$ 的最大测量误差取为 0.1℃。

## 8.1.6　实验报告内容

(1)实验目的、原理；

(2)实验原始数据记录表；

(3)根据本组的测量数据,计算平均温度下的导热系数值；

(4)绘制实验结果汇总表,列出 6 组实验计算所得的 $\lambda$ 和平均温度 $t_m$,用最小二乘法拟合出 $\lambda = f(\bar{t})$ 的关系式；

(5)在坐标纸上绘制 $\lambda - \bar{t}$ 的关系曲线,本组实验点需用特殊符号标出；

(6)进行实验测定结果误差分析。

## 8.1.7　思考题

(1)本实验中,采取了哪些措施来实现热量的一维传递？

(2)影响绝热材料导热系数测量准确度的因素有哪些？

# 8.2　二维导热物体温度场的电模拟实验

## 8.2.1　实验目的

(1)学习电、热类比的原理及边界条件的处理；

(2)通过测量电模型的电量求出墙角导热的温度场。

## 8.2.2　实验原理

通过比较导电现象和导热现象的数学描述可以看出这两种现象是类似的。对于二维稳态过程,物体温度分布的导热微分方程与导体中电压分布的微分方程均满足拉普拉斯(Laplace)方程

$$\frac{\partial^2 t}{\partial x^2} + \frac{\partial^2 t}{\partial y^2} = 0 \qquad (8-5)$$

$$\frac{\partial^2 e}{\partial x^2} + \frac{\partial^2 e}{\partial y^2} = 0 \qquad (8-6)$$

两微分方程的类同是热电模拟法的基础。具体模拟求解时,需按照模拟原则建立一个与所研究的导热系统等效的导电系统,令电系统总电压对应于热系统总温差,则电压分布代表热系统温度分布,电流强度代表热系统的热流量。

固体稳态温度场的电模拟法可分为连续式和网络式两类。连续式模拟法采用导电液体或固体(如导电纸)作电模型,网络式模拟法则采用由电阻元件构成的电阻网络作电模型。显然对于网络式模拟法而言,模拟是以其各自的差分方程相类似为基础的。当导热系数为常数时,对均匀网络,二维稳态导热的差分方程为(见图 8-3)

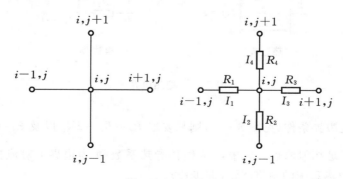

图 8-3　内部节点

$$t_{i+1,j} + t_{i-1,j} + t_{i,j+1} + t_{i,j-1} - 4t_{i,j} = 0 \qquad (8-7)$$

相应网络节点上的电势方程可由基尔霍夫定律导出,因为

$$\sum_{n=1}^{4} I_n = 0$$

$$I_n = \frac{e_n - e_i}{R_n}$$

所以

$$\frac{e_{i-1,j} - e_{i,j}}{R_1} + \frac{e_{i,j-1} - e_{i,j}}{R_2} + \frac{e_{i+1,j} - e_{i,j}}{R_3} + \frac{e_{i,j+1} - e_{i,j}}{R_4} = 0 \qquad (8-8)$$

只要满足 $R_1 = R_2 = R_3 = R_4$,式(8-8)就与式(8-7)完全类似。

式(8-7)、式(8-8)适用于一切二维稳态无内热源的导热和导电问题的网络内部节点。但是,用电阻网络来模拟具体的热系统时,还必须使电-热系统之间有相似的边界条件,即当满足了电-热系统之间边界条件相似后,由电阻网络节点测得的电势分布才能真正模拟热系统中的温度分布。下面我们分别讨论二维等温、绝热和对流边界条件的模拟条件。

等温边界条件是最简单的情况,要模拟热系统的等温边界,只需要在电模型的边界节点上维持等电势即可。

对于绝热边界条件(见图8-4)可以证明,只要取 $R_2 = R_3 = 2R_1$ 即可使边界条件满足相似原理。

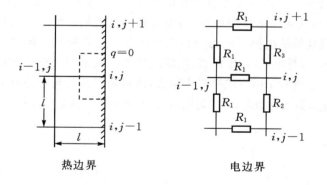

热边界      电边界

图 8-4 绝热边界

对于对流边界条件(见图8-5),则只要取 $R_2 = R_3 = 2R_1$ 以及 $R_4 = \frac{\lambda}{hl}R_1$ 就可使边界条件满足相似原理。式中,$\lambda$ 为固体导热系数;$h$ 为边界上对流换热表面的传热系数;$l$ 为热系统的网络间距(即步长)。

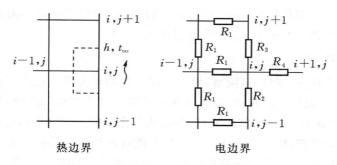

热边界　　　　　　　　电边界

图 8-5　对流边界

从电阻网络节点的电压值换算到热网络对应点的温度时,要用到电势/温差的比例常数 $C$,它是电系统的电势差与热系统的相应温度差之间的比例系数。对于图 8-6(a)所示的墙角,当其内、外表面温度均为已知值时,定义

$$C = \frac{e_1 - e_2}{t_1 - t_2} \qquad [\text{V/℃}] \qquad (8-9\text{a})$$

当两个表面均为对流边界条件时

$$C = \frac{e_{\infty 1} - e_{\infty 2}}{t_{\infty 1} - t_{\infty 2}} \qquad [\text{V/℃}] \qquad (8-9\text{b})$$

式中:$e_1$、$e_2$——与外墙和内墙壁温对应的电势值;

$e_{\infty 1}$、$e_{\infty 2}$——与流体温度 $t_{\infty 1}$、$t_{\infty 2}$ 对应的电势值。

在选定了比例系数 $C$ 后,就可以确定应该加到电模型内外层边界上的总电势差 $(e_1 - e_2)$ 或 $(e_{\infty 1} - e_{\infty 2})$,测出各节点的电势值后,利用系数 $C$ 可从测得的电势值换算出相应的温度值。如在图 8-6(b)中测得了 $A$ 点相应于内壁的电势差 $(e_A - e_2)$ 后,$A$ 点的温度即为

$$t_A = t_2 + \frac{e_A - e_2}{C} \qquad (8-10)$$

## 8.2.3　实验装置

**1.被模拟对象参数**

(1)建筑物墙角(见图 8-6(a))几何尺寸:$L_1 = 2.2\,\text{m}$,$L_2 = 3.0\,\text{m}$,$L_3 = 2.0\,\text{m}$,$L_4 = 1.2\,\text{m}$;

(2)墙角材料的导热系数 $\lambda = 0.53\,\text{W/(m·K)}$;

(3)等温边界条件:墙角外表面温度 $t_1 = 30\,℃$,内表面温度 $t_2 = 0\,℃$;

(4)对流边界条件:墙角外表面与周围流体的对流换热表面传热系数 $h_1 =$

10.6 W/(m²·K)，流体温度 $t_{\infty 1}=30\ ℃$；墙角内表面与周围流体的对流换热表面传热系数 $h_2 \approx 3.975$ W/(m²·K)，流体温度 $t_{\infty 2}=10\ ℃$。

2.实验装置

本实验装置系一电阻网络模型，用于模拟建筑物墙角等的稳态导热过程。图 8-6(a)所示为模拟对象截面图，设其导热过程可以作为二维问题处理，由于对称性，研究其 1/4 即可。图 8-6(b)和(c)为测试系统，图 8-6(b)所示的电模型实现等温边界条件的模拟，图 8-6(c)所示模型实现对流边界条件的模拟。本实验装置内部配备有稳压电源，选择内部供电时，直接连接 AC220V 电源即可；选择外部供电时，需要外接稳压电源。

型号 DW132 的实验台为等温边界条件的模型，DL176 为对流边界条件的模型。实验时使用万用表测量各网络节点电压。

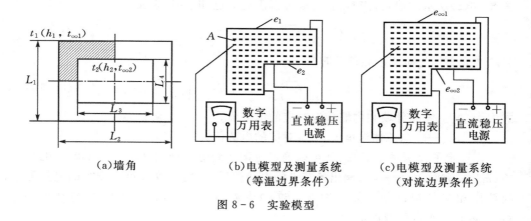

(a)墙角　　(b)电模型及测量系统　　(c)电模型及测量系统
　　　　　　　（等温边界条件）　　　（对流边界条件）

图 8-6　实验模型

### 8.2.4　实验步骤及注意事项

1.实验步骤

(1)选择供电方式。内部供电时，选择开关处于内部接通状态；外部供电时，选择开关应处于外部接通状态，按图 8-6(b)或(c)接线。

(2)经检查无误后，根据选取的比例常数 $C$，确定要加的电压值，本实验中 $C$ 均取为 0.1。

(3)使用微调、粗调两个旋钮，将电压调整到步骤(2)确定的数值。

(4)用万用电表依次测量各节点的相对电压，在实验数据记录表 8-2(等温边界条件)或表 8-3(对流边界条件)中进行记录。

(5)检查实验数据,确认无误后关闭相关电源,将实验台恢复原样。

**2.注意事项**

(1)若使用外接电源,电压不得超过 10 V,电压过高将使电阻网络过载,严重时会使电阻烧毁。

(2)用万用电表测量节点电压时必须将万用表的测量开关放在直流档,并注意使测量量程与所测电压的范围相同。

(3)电模型加载电压以万用表测量的数值为准,实验面板上显示的电压只作参考。

(4)用万用表的表棒测量节点电压时勿用力太猛。

(5)将对流边界条件的电模型对应的边界对流换热系数抄写在实验数据记录表上。

## 8.2.5　实验结果的计算和整理

**1.数据整理内容**

(1)根据从电阻网络测得的电压,计算边界条件为(a)或(b)时墙角各相应节点的温度值,然后将其一一标在 250 mm×350 mm 方格纸上(参阅实验室内示范挂图)。

(2)在实验结果得出的温度分布图上绘制三根等温线,等壁温边界条件分别为:12 ℃、18 ℃、24 ℃;对流边界条件分别为:18 ℃、22 ℃、26 ℃。

(3)计算每米高砖墙的导热量(分别从内外表面进行计算,然后取平均值并计算热平衡偏差)。

**2.数据整理注意事项**

(1)本实验电阻网络与图 8-7 所示计算单元体的划分方法相对应,当计算通过墙体表面的导热或对流热量时,节点 $a$、$b$、$c$、$d$、$e$、$f$ 的计算面积应分别按下述方式考虑。

①等温边界条件的实验:节点 $a$、$b$、$d$、$e$ 的导热面积均取为 $\frac{1}{2}\Delta x$,但如果只采用 $\frac{1}{2}\Delta x$,则无法计及图 8-8(b)中箭头所示的这部分导热量,因此当计算 $x$ 方向及 $y$ 方向导热时,节点 $c$ 的面积应取为 $\Delta x$(见图 8-8(a));此外,由于通过尖角的导热量已分别由节点 $f$ 左右两邻点所代表的单元体考虑(见图 8-9),因此计算外壁导热量时无需使用 $f$。

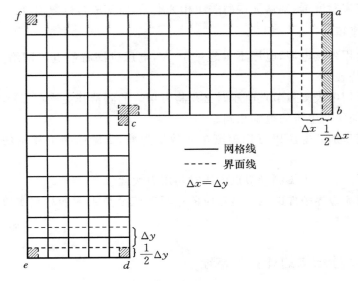

图 8 - 7　不同边界交点的传热面积

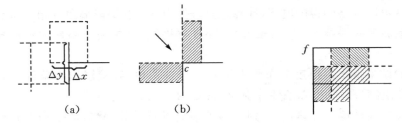

图 8 - 8　等温边界条件下的内角点 $c$　　　图 8 - 9　等温边界条件下的外角点 $f$

②对流边界条件的实验：节点 $a$、$b$、$d$、$e$ 的计算面积同上；节点 $c$ 的对流换热面积应取 $\Delta x$，即 $(\frac{1}{2}\Delta x + \frac{1}{2}\Delta y)$（见图 8 - 10(a)）；节点 $f$ 的对流换热面积也取为 $\Delta x$（见图 8 - 10(b)）。

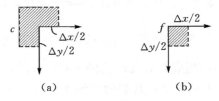

图 8 - 10　对流边界条件下的角点 $c$ 和 $f$

（2）绘制等温线时曲线过渡应平滑自然。

## 8.2.6　实验报告内容

（1）实验名称和目的；

（2）实验原理：包括基本原理、本实验采用的电阻网络模拟法原理。要求清晰阐述三种边界条件的模拟处理方法；

（3）实验数据记录表；

（4）实验数据处理过程包括：①墙角导热温度场和等温线图（绘制在同一张图上）；②计算每米高砖墙的导热量及热平衡偏差。

（5）讨论本实验存在的误差，提出你认为可以提高实验精度的建议。

## 8.2.7　思考题

（1）墙角的两个端面（对称线处，见图 8 - 6(a)）是什么边界条件？本实验中是如何实现对该条件的模拟的？

（2）分析你的测定结果，墙角两翼的温度分布是否大致对称于对角线 $f—c$？为什么呈现这种近似的对称性？

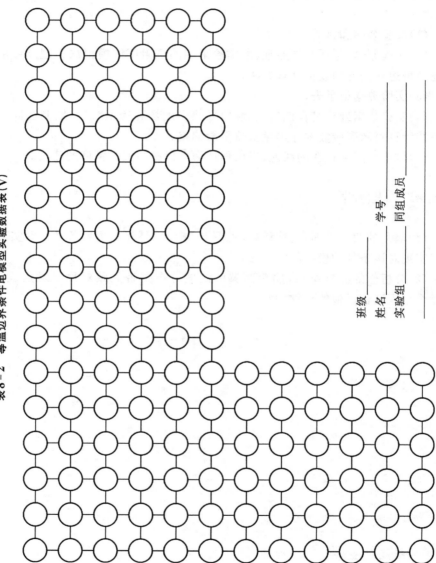

表 8 - 2  等温边界条件电模型实验数据表（Ⅴ）

班级＿＿＿＿＿＿＿

姓名＿＿＿＿＿＿＿  学号＿＿＿＿＿＿＿

实验组＿＿＿＿＿＿＿  同组成员＿＿＿＿＿＿＿

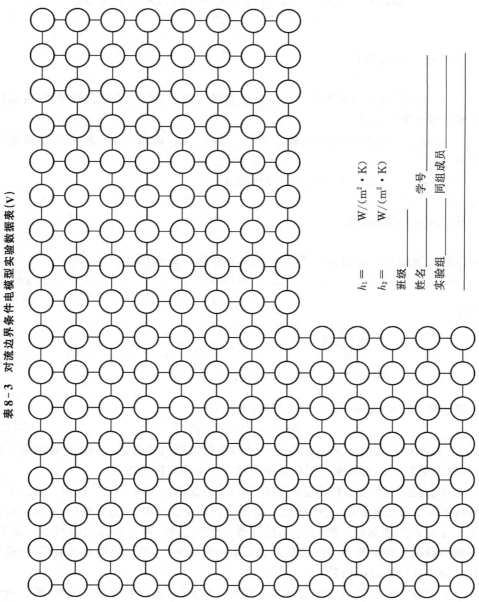

表 8 – 3 对流边界条件电模型实验数据表（V）

$h_1 =$ _____ W/(m² · K)

$h_2 =$ _____ W/(m² · K)

班级 _____ 学号 _____

姓名 _____

实验组 _____ 同组成员 _____

# 8.3　水平管外自然对流换热实验

## 8.3.1　实验目的

（1）测定空气与水平圆柱体之间发生自然对流换热时的表面传热系数，并将结果整理成准则关系式；

（2）学习本实验中的测试技术（热电偶测壁温、测加热量）及实验数据整理方法；

（3）学习对实验结果进行误差分析的方法。

## 8.3.2　实验原理

根据量纲分析可知，水平圆柱与流体间自然对流换热可以表示为

$$Nu = f(Gr \cdot Pr) \tag{8-11}$$

式中

$$Nu = \frac{hd}{\lambda}$$

$$Gr = \frac{g\alpha_V d^3 \Delta t}{v^2}, \quad \Delta t = t_w - t_f, \quad \alpha_V = \frac{1}{(t_w + t_f)/2 + 273}$$

$$Pr = \frac{v}{a}$$

经验表明，式（8-11）可以表示成下列形式

$$Nu_m = C\,(Gr \cdot Pr)_m^n \tag{8-12}$$

式中：系数 $C$ 与指数 $n$ 在一定的 $(Gr \cdot Pr)$ 数值范围内为常数，下标 m 表示定性温度，取为壁温 $t_w$ 与远离水平圆柱体的流体温度 $t_f$ 的算数平均值。

本实验的主要任务是确定在实验 $(Gr \cdot Pr)$ 数值范围内 $C$ 与 $n$ 的值。因此必须获得不同实验工况下，上述准则数中的各个物理量。其中，$g$ 为常数（9.8 m/s²），而 $d$、$t_w$、$t_f$ 可以直接测定。测得 $t_w$、$t_f$ 后计算出定性温度，再查表即可获得 $\lambda$、$v$ 及 $Pr$ 等物性数据。对流换热表面传热系数 $h$ 不能直接测量，需要将测得的壁温、热量等代入定义式，然后计算得出。

采用置于内部的电加热器加热实验用水平圆柱，当达到稳态工况时，所加热量将通过圆柱表面自然对流及热辐射向外散发

$$\Phi = hA\,(t_w - t_f) + \varepsilon C_0 A\left[\left(\frac{T_w}{100}\right)^4 - \left(\frac{T_f}{100}\right)^4\right] \tag{8-13}$$

式中:$\Phi$——电加热功率,W;

$\quad$ $C_0$——黑体辐射系数,其值为 $5.67$,$W/(m^2 \cdot K^4)$;

$\quad$ $\varepsilon$——圆柱表面黑度,本实验中圆柱表面系镀铬抛光,$\varepsilon = 0.06$;

$\quad$ $t_w$——圆柱表面平均温度,℃,$T_w = t_w + 273$,K;

$\quad$ $t_f$——远离圆柱表面的空气温度,℃,$T_f = t_f + 273$,K;

$\quad$ $A$——圆柱表面积,$A = \pi dl$,$m^2$。

根据式(8-13)可以得出采用实验测定数据计算表面传热系数的公式

$$h = \frac{\Phi}{A(t_w - t_f)} - \frac{\varepsilon C_0}{t_w - t_f}\left[\left(\frac{T_w}{100}\right)^4 - \left(\frac{T_f}{100}\right)^4\right] \tag{8-14}$$

式中:加热量 $\Phi$ 通过测定电加热器的电功率获得,$t_w$ 及 $t_f$ 采用热电偶测量,圆柱体长度与直径已标明在实验设备上。因此实验中实际要测定的物理量为功率 $\Phi$、壁温 $t_w$ 及空气温度 $t_f$。

### 8.3.3　实验装置

本实验采用直径不同的 10 套设备,每套设备的实验系统如图 8-11 所示。实验段由铜管组成,铜管表面镀铬以减小辐射散热量并维持表面黑度值的稳定。铜管内装有电加热器,结构如图 8-12 所示,采用自耦变压器调节加热器两端的电压以调节加热量。管壁表面等距离地布置了 5 对热电偶,以测定壁面平均温度。热

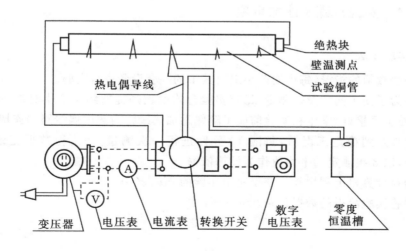

图 8-11　自然对流换热实验装置

电偶测量线路如图 8 – 11 所示。

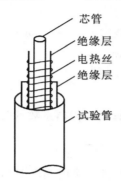

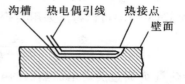

图 8 – 12  实验管结构示意图 　　图 8 – 13  热电偶安装示意图

　　每对热电偶在管壁上的安装情况如图 8 – 13 所示。为了减少由热电偶导线的导热引起的测量误差,热电偶导线在离开管壁以前应紧贴等温壁面布置一段距离。因此,在每对热电偶的安装处均沿等温线开设了一条长约 50 mm 的浅沟槽,将绝缘导线埋在小槽中并尽量使热接点紧贴壁面,然后采用软金属材料填平浅槽。

　　实验管的两个端部装有绝缘材料,以减少实验段与固定支撑架间的导热损失。为了防止外界对气流的扰动,整个实验设备放置于隔离玻璃室内,各测点连线则引出玻璃室外。

## 8.3.4　实验步骤及注意事项

### 1. 实验步骤

　　(1)按教师的指派,每个实验小组对其中的一套设备进行实验。

　　(2)为了便于同学及时测量,每套实验台均由教师提前约 4 个小时进行加热,各组线路也已接好,学生在实验前应了解熟悉加热线路与热电偶线路的连接方法。

　　(3)加热到稳定工况后,每隔 10 分钟进行一次测量,将所得数据记录在表 10 – 4 中,以 3 次测定的平均值作为计算依据。

　　(4)在计算机上利用软件获得每组实验的 $Nu_m$、$(Gr \cdot Pr)_m$。

　　(5)将实验测得的数据记录在表 8 – 4 中。

表 8 - 4 自然对流换热实验原始数据记录表

实验组(件)编号： ；长度： m；直径： m；

| 次数 | $\Phi$/W | $t_{w1}$/mV | $t_{w2}$/mV | $t_{w3}$/mV | $t_{w4}$/mV | $t_{w5}$/mV | $t_f$/mV |
|------|----------|-------------|-------------|-------------|-------------|-------------|----------|
| 1 | | | | | | | |
| 2 | | | | | | | |
| 3 | | | | | | | |
| 平均值 | | $\begin{cases} E(t_w) = \quad \text{mV} \\ t_w = \quad \text{℃} \end{cases}$ | | | $\begin{cases} E(t_f) = \quad \text{mV} \\ t_f = \quad \text{℃} \end{cases}$ | | |

**2. 注意事项**

(1)在实验进行过程中不得进入隔离的玻璃室内。

(2)为了使实验段壁温不致过高，同时为了将各设备的实验点在 $Nu_m$ -$(Gr \cdot Pr)_m$ 图上拉开一定的距离，对每套设备都规定了最大加热功率，实验中功率不应超过该值，也不宜低于该值太多。

(3)三次连续测定的各测点热电势读数的偏差一般不应超过 $\pm 2\%$。

(4)加热器的功率由自耦变压器调节，实验时切勿转动变压器的调节盘。

## 8.3.5 实验数据的整理

(1)计算本组实验测得的平均热电势(单位是 mV)，然后按热电偶特性曲线拟合方程 $t = 0.0739 + 26.8582E - 0.4039E^2$ 算出相应的平均壁温与空气温度；本实验设备中，由于热电偶在壁面上等距离布置，所以平均热电势为 5 个读数的算术平均值。

(2)按式(8-14)计算对流换热表面传热系数 $h$。

(3)计算定性温度 $t_m = \dfrac{t_w + t_f}{2}$，根据 $t_m$ 由空气物性表查出 $\lambda$、$\upsilon$ 及 $Pr$。

(4)计算得出本组实验的 $Nu_m$ 及 $(Gr \cdot Pr)_m$。

(5)根据计算机得出的 10 组实验 $Nu_m$ 及 $(Gr \cdot Pr)_m$，采用最小二乘法计算实验关联式的系数 $C$ 和指数 $n$，获得本次实验关联式。

(6)在双对数坐标纸上绘制 $Nu_m$ -$(Gr \cdot Pr)_m$ 曲线，本组实验结果以及其他 9 组结果均表示在同一张图上，本组实验点需用特殊符号标出。

(7)实验结果的误差分析：根据对流换热表面传热系数计算公式

$$h = \frac{\Phi - \Phi_\mathrm{r}}{(t_\mathrm{w} - t_\mathrm{f})A}$$

得出表面传热系数测定值的误差为

$$\Delta h = \sqrt{\left(\frac{\partial h}{\partial \Phi}\right)^2 \Delta \Phi^2 + \left(\frac{\partial h}{\partial \Phi_\mathrm{r}}\right)^2 \Delta \Phi_\mathrm{r}^2 + \left(\frac{\partial h}{\partial A}\right)^2 \Delta A^2 + \left(\frac{\partial h}{\partial t_\mathrm{w}}\right)^2 \Delta t_\mathrm{w}^2 + \left(\frac{\partial h}{\partial t_f}\right)^2 \Delta t_\mathrm{f}^2}$$

$$= \left\{ \left[\frac{1}{A(t_\mathrm{w} - t_\mathrm{f})}\right]^2 \Delta \Phi^2 + \left[\frac{1}{A(t_\mathrm{w} - t_\mathrm{f})}\right]^2 \Delta \Phi_\mathrm{r}^2 + \left[\frac{\Phi - \Phi_\mathrm{r}}{(t_\mathrm{w} - t_\mathrm{f})A^2}\right]^2 \Delta A^2 \right.$$

$$\left. + \left[\frac{\Phi - \Phi_\mathrm{r}}{A(t_\mathrm{w} - t_\mathrm{f})^2}\right]^2 \Delta t_\mathrm{w}^2 + \left[\frac{\Phi - \Phi_\mathrm{r}}{A(t_\mathrm{w} - t_\mathrm{f})^2}\right]^2 \Delta t_\mathrm{f}^2 \right\}^{\frac{1}{2}} \tag{8-15}$$

对各测定量或计算量的误差估计如下：

①$t_\mathrm{w}$ 及 $t_\mathrm{f}$ 的最大测定误差取为 0.25℃；

②面积 $A$ 的最大相对测定误差取为 0.5%；

③$\Delta\Phi$ 是总加热功率最大测量误差,本实验功率表精度等级为 0.5 级,即最大误差为满量程(仪表满刻度×仪表常数)的 0.5%；

④$\Delta\Phi_\mathrm{r}$ 是辐射散热量最大误差。镀铬表面黑度在计算中取为 0.06,文献报导最大可达 0.08,因而估计最大相对误差为 33%,在分析辐射散热项的误差时,其他各项测定误差(如 $t_\mathrm{w}$、$t_\mathrm{f}$)的影响很小,可以不计,即 $\Delta\Phi_\mathrm{r} = 0.33\Phi_\mathrm{r}$。

### 8.3.6　实验报告内容

(1)实验名称、目的和原理；

(2)实验原始数据记录表；

(3)典型计算:包括按本组测定结果计算 $h$、$Nu_\mathrm{m}$ 及 $(Gr \cdot Pr)_\mathrm{m}$ 的过程,按 10 个实验点计算 $n$ 及 $C$ 的过程,列出实验所得的准则方程式及适用条件；

(4)绘制实验结果汇总表,列出 10 组实验计算所得的 $(Gr \cdot Pr)_\mathrm{m}$、$Nu_\mathrm{m}$、按教材中公式计算所得的 $Nu$ 及两者的相对偏差(%)；

(5)实验结果的误差分析；

(6)讨论在本次实验过程中采用了哪些措施来提高实验结果的精确度？ 对这个问题你有什么想法与建议；

(7)将实验点及所得准则方程式一同表示在双对数坐标纸上。

### 8.3.7　思考题

(1)采用图 8-13 所示的方法测定壁面温度为什么比图 8-14 所示的方法准

确？当壁面受流体加热时,采用图 8 – 14 所示的方法测定的壁温可能偏高还是偏低？为什么？

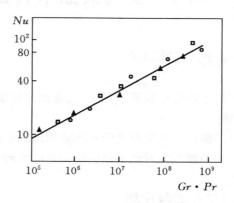

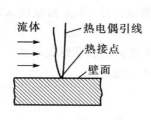

图 8 – 14　思考题(1)附图

图 8 – 15　思考题(2)附图

(2)在图 8 – 15 所示的坐标划分情况下,通过实验点的直线与纵轴的交点是否代表式(8 – 12)中的 $C$ 值？为什么？

(3)某实验管的加热电阻阻值为 56 Ω,功率表电压线圈及电流线圈的电阻分别为 13.3 kΩ 及 4 Ω,为了得出较准确的测定结果,试画出电压线圈、电流线圈及加热电阻之间应采用的连接方式图。

# 8.4 空气横掠单管强制对流换热实验

## 8.4.1 实验目的

(1)了解实验装置、熟悉空气流速及管壁温度的测量方法,掌握测量仪表的使用方法;

(2)测定空气横掠单管平均表面传热系数,并将结果整理成准则关系式;

(3)掌握强制对流换热实验数据的处理及误差分析方法。

## 8.4.2 实验原理

根据量纲分析,稳态强制对流换热规律可用下列准则关系式表示

$$Nu = f(Re, Pr) \tag{8-16}$$

式中
$$Nu = \frac{h \cdot d}{\lambda} \qquad Re = \frac{u \cdot d}{\upsilon} \qquad Pr = \frac{\upsilon}{\alpha}$$

经验表明,式(8-16)可以表示成下列形式

$$Nu = CRe^n Pr^m \tag{8-17}$$

当温度变化不大时,空气的普朗特数 $Pr$ 变化很小,可作为常数处理。故式(8-17)可表示为

$$Nu = C' Re^n \tag{8-18}$$

本实验的任务就是确定 $C'$ 和 $n$,为此需要测定 $Nu$ 与 $Re$ 数中包含的各个物理量。其中管径 $d$ 为已知量,实验中采用不同管径和不同气流流量(流速)以使 $Re$ 数能在一定范围内变化。物性 $\lambda$、$\upsilon$ 按定性温度 $t_m = \dfrac{t_w + t_f}{2}$ 查表确定。对流换热表面传热系数 $h$ 不能直接测出,必须通过测加热量、壁温及来流温度再根据下式来计算

$$h = \frac{\Phi}{A(t_w - t_f)} \tag{8-19}$$

因此,本实验的基本测量量为空气来流速度 $u$、空气来流温度 $t_f$、管道表面温度 $t_w$ 及管道表面散热量 $\Phi$。

## 8.4.3 实验装置

实验装置本体由风源和实验段构成,如图 8-16 所示。

风源 1 为箱式风洞,类似于一个工作台,风机 2、稳压箱、收缩口都设置在箱体内。风箱中央为空气出风口,形成一股流速均匀的空气射流,实验段风道 3 直接放置在该出风口上。风机吸入口设置一调节风门 6,用于改变实验段风道中的空气流速。

实验段风道 3 由有机玻璃制成,实验管 4 为不锈钢薄壁管,横置于风道中间。本实验采用直流电对实验管直接通电加热,所需直流电由电源 5 供给,调节直流电源输出电压可改变实验管的加热功率,加热功率的大小根据各实验管直径及所允许的工作电流大小确定。

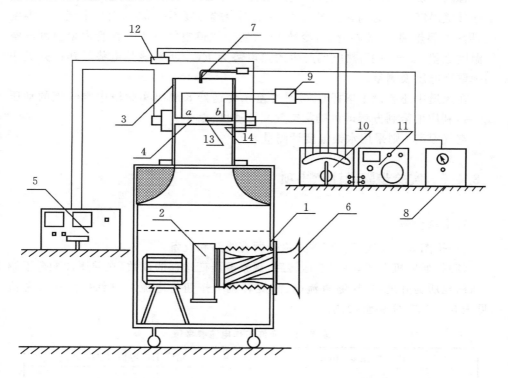

图 8-16　单管强制对流换热实验装置
1—风箱;2—风机;3—试验段风道;4—实验管;5—直流电源;
6—风门;7—毕托管;8—差压变送器;9—分压器;10—转换开关;
11—数字电压表;12—电流传感器;13—热电偶热端;14—热电偶冷端

### 8.4.4 测量系统

为了准确测量实验管加热功率并排除两端散热影响,在离管端部一定距离处焊有两个电压测点 $a$、$b$(见图 8-16),经过分压器 9 和转换开关 10,用数字电压表 11 测定两点间的电压降。在实验管的加热线路中布置一个电流传感器,以此来确定流过实验管的电流。

管内装设铜-康铜热电偶,在绝热条件下可准确地测出管内壁温度 $t'_w$,然后确定管外壁温度 $t_w$。为简化测量系统,热电偶冷端温度不是 0℃,而是来流空气温度 $t_f$,即热电偶热端 13 装在管内,冷端 14 放置于风道空气流中。在管内壁温度与空气温度之差 $(t'_w - t_f)$ 下,热电偶产生的热电势为 $E(t'_w, t_f)$,该热电势经转换开关用同一数字电压表测量。

在风道中还装设了毕托管 7,通过差压变送器 8 测出实验段中空气流的动压 $\Delta p$ 后,利用伯努利方程即可确定空气来流速度 $u$。

空气温度 $t_f$ 则采用水银温度计测量。

### 8.4.5 实验步骤及注意事项

1. 实验步骤

(1)按图 8-16 连接各部件并检查所有线路和设备。

(2)接通风机电源,待正常运转后,观察差压变送器的读数,在差压计配合下调节风门至所需开度,再接通直流电源,旋转调节按钮将电流调整到指定的参考值(见表 8-5),对实验管加热。

表 8-5 允许工作电流参考值

| 管子直径 $d$ /mm | 允许工作电流 $I$ /A |
|---|---|
| 6.0~6.5 | $I_{max} \leqslant 25$ |
| 5.0~5.5 | $I_{max} \leqslant 20$ |
| 4.0~4.5 | $I_{max} \leqslant 16$ |
| 3.0~3.5 | $I_{max} \leqslant 12$ |
| 2.0~2.5 | $I_{max} \leqslant 8$ |

(3)待差压变送器、热电偶读数稳定后测量各有关数据,记录在表 8-6 中。

表 8-6 实验原始数据记录表

实验件直径 $d=$ 　　　m　　　　　　　　有效长度 $l=0.1$ m

| 实验工况 | 测量次数 | $\Delta p/\mathrm{Pa}$ | $U/\mathrm{mV}$ | $I/\mathrm{V}$ | $E(t_w,t_f)/\mathrm{mV}$ | $t_f/℃$ |
|---|---|---|---|---|---|---|
| Ⅰ | 1 | | | | | |
| | 2 | | | | | |
| | 3 | | | | | |
| | 平均值 | | | | | |
| Ⅱ | 1 | | | | | |
| | 2 | | | | | |
| | 3 | | | | | |
| | 平均值 | | | | | |
| Ⅲ | 1 | | | | | |
| | 2 | | | | | |
| | 3 | | | | | |
| | 平均值 | | | | | |

(4)保持加热功率不变的情况下,调节风门大小,改变风速,待稳定后可进行另一个工况的测量。每个直径的管子进行 3～4 个流速工况的测量。

(5)实验结束,先关闭加热电源开关,后关闭风机。

2.注意事项

(1)为避免对通风量产生干扰,实验过程中禁止在风口处(大约 0.5 m 半径范围)走动。

(2)为防止实验管可能烧毁,直流电源一定要在风机处于正常工作情况下才能启动。启动电源之前,根据表 8-5 中的参考电流值进行调节,整个实验过程中,工作电流不得超过允许值(见表 8-5)。变工况调节时,欲提高热负荷则先开大风门,后增加工作电流。减小热负荷时则先减小工作电流,后关小风门。实验结束时必须先关闭加热电源,后关闭风机。

(3)实验过程中,严禁随意转动直流电源调节按钮。

## 8.4.6　实验数据整理

(1)实验用不锈钢管几何参数。

四种直径：$d = 3$ mm、4 mm、5 mm、6 mm（具体值见各台位）；

测压点 $a$、$b$ 间距离：100 mm。

（2）空气来流速度 $u$。

根据伯努利方程，气流动压 $\Delta p$（N/m²）与气流速度 $u$（m/s）的关系如下

$$\Delta p = \frac{1}{2}\rho u^2 \qquad (8-20)$$

动压 $\Delta p$ 由毕托管及差压变送器测出，$\rho$ 为空气密度，由空气温度 $t_f$ 查表确定。由式（8-20）可得出

$$u = \sqrt{\frac{2\Delta p}{\rho}} \qquad (8-21)$$

（3）管道外壁温度 $t_w$。

①先根据式（8-22）计算热端温度为 $t_f$，冷端温度为 0 ℃ 时热电偶所产生的热电势 $E(t_f, 0)$

$$\begin{aligned} E(t_f, 0) = &(3.874 \times 10 \times t_f + 3.319 \times 10^{-2} \times t_f^2 + 2.071 \times 10^{-4} \times t_f^3 \\ &- 2.195 \times 10^{-6} \times t_f^4 + 1.103 \times 10^{-8} \times t_f^5 - 3.093 \times 10^{-11} \times t_f^6 \\ &+ 4.565 \times 10^{-14} \times t_f^7 - 2.762 \times 10^{-17} \times t_f^8) \times 10^{-3} \text{(mV)} \end{aligned}$$

$$(8-22)$$

②由上式可得热端温度为 $t'_w$、冷端温度为 0 ℃ 时热电偶的热电势

$$E(t'_w, 0) = E(t'_w, t_f) + E(t_f, 0)$$

式中：$E(t'_w, t_f)$——由数字电压表测得的热电势，mV。

③再按式（8-23）计算实验管内壁温度 $t'_w$。

$$\begin{aligned} t'_w = &2.566 \times 10 \times E(t'_w, 0) - 6.195 \times 10^{-1} \times E^2(t'_w, 0) \\ &+ 2.218 \times 10^{-2} \times E^3(t'_w, 0) - 3.550 \times 10^{-4} \times E^4(t'_w, 0) \end{aligned} \qquad (8-23)$$

实验管为一有内热源的圆筒壁，且内壁绝热，因此内壁温度 $t'_w$ 大于外壁温度 $t_w$。但由于管壁很薄，仅为 0.2～0.3 mm，因此认为 $t_w = t'_w$ 是足够准确的。

（4）实验管工作段 $a$、$b$ 间的电压降 $U$。

$$U = T \times U' \times 10^{-3} \qquad (8-24)$$

式中：$T$——分压器倍率，$T = 201$；

$U'$——经分压器由数字电压表测得的 $a$、$b$ 间电压，mV。

（5）实验管工作电流。

$$I = C \times U \qquad (8-25)$$

式中：$U$——电流传感器输出电压，由数字电压表测得，V；

$C$——电流传感器系数 10 A/V。

（6）实验管工作段 $a$、$b$ 间的加热量 $\Phi$。

$$\Phi = IU \tag{8-26}$$

(7)换热准则方程式。

根据每一实验工况 3 次测量所得的平均值,计算对流换热表面传热系数 $h$、$Nu$ 及 $Re$,然后采用最小二乘法计算 $C'$、$n$,得出实验准则方程式 $Nu = C'Re^n$。

计算 $Nu$ 及 $Re$ 时,以平均温度 $t_m = \dfrac{t_w + t_f}{2}$ 为定性温度,查教材附表可得空气物性参数 $\lambda$、$\upsilon$ 等。

### 8.4.7 误差分析

由于

$$Nu = \frac{hd}{\lambda} = \frac{\Phi d}{\lambda A(t_w - t_f)} = \frac{UId}{\lambda A(t_w - t_f)}$$

因此 $Nu$ 数的测量误差为

$$
\begin{aligned}
\Delta Nu &= \left\{ \left(\frac{\partial Nu}{\partial U}\right)^2 \Delta U^2 + \left(\frac{\partial Nu}{\partial I}\right)^2 \Delta I^2 + \left(\frac{\partial Nu}{\partial d}\right)^2 \Delta d^2 + \left(\frac{\partial Nu}{\partial \lambda}\right)^2 \Delta \lambda^2 \right. \\
&\quad \left. + \left(\frac{\partial Nu}{\partial A}\right)^2 \Delta A^2 + \left(\frac{\partial Nu}{\partial t_w}\right)^2 \Delta t_w^2 + \left(\frac{\partial Nu}{\partial t_f}\right)^2 \Delta t_f^2 \right\}^{\frac{1}{2}} \\
&= \left\{ \left[\frac{Id}{\lambda A(t_w - t_f)}\right] \Delta U^2 + \left[\frac{Ud}{\lambda A(t_w - t_f)}\right] \Delta I^2 + \left[\frac{UI}{\lambda A(t_w - t_f)}\right] \Delta d^2 \right. \\
&\quad + \left[\frac{UId}{\lambda^2 A(t_w - t_f)}\right] \Delta \lambda^2 + \left[\frac{UId}{\lambda A^2 (t_w - t_f)}\right] \Delta A^2 \\
&\quad \left. + \left[\frac{UId}{\lambda A(t_w - t_f)^2}\right] \Delta t_w^2 + \left[\frac{UId}{\lambda A(t_w - t_f)^2}\right] \Delta t_f^2 \right\}^{\frac{1}{2}} \tag{8-27}
\end{aligned}
$$

进行误差分析计算时,各测量量或计算量的误差估计为:

(1)电流 $I$ 及电压 $U$ 均由 PZ114 数字电压表测量,基本误差为:$\pm(0.04\%$ 读数 $+ 0.015\%$ 量程);

(2)$t_w$ 及 $t_f$ 的最大测量误差为 $0.25\,℃$;

(3)面积 $A$ 及管径 $d$ 的最大相对测量误差为 $0.5\%$;

(4)导热系数 $\lambda$ 的最大相对误差为 $0.5\%$。

### 8.4.8 实验报告内容

(1)说明实验名称、目的、原理及测量方法;

(2)列出实验数据记录表;

（3）典型计算：写出包括 $h$、$Nu$、$Re$、$C'$ 及 $n$ 的计算过程，列出实验所得准则关系式及实验参数范围，并计算实验点与拟合公式间的相对偏差；

（4）在双对数坐标纸上绘出实验点及拟合获得的准则关系曲线；

（5）将实验获得的 $Nu$ 与按教材给出的准则关系式计算得到的 $Nu$ 进行比较，得出两者的相对偏差；

（6）实验结果的误差分析。

### 8.4.9　思考题

（1）被测圆柱表面各点温度是否一致？在本实验中将热电偶布置在圆柱表面某点，测得的温度能否代表壁面平均温度？采用何种办法可在设备不变（不增加热电偶数目）的前提下提高实验结果的准确性？

（2）表面换热方式除对流换热外，还有辐射换热，为什么在本实验中没有考虑辐射换热？设实验管表面黑度 $\varepsilon = 0.1$，试比较表面对流换热量与辐射换热量的相对大小。

# 8.5 固体表面法线方向黑度测定实验

## 8.5.1 实验目的

(1)测定固体表面法线方向黑度,进而推算出半球平均黑度。
(2)了解实验原理及实验装置,掌握误差分析方法。

## 8.5.2 实验装置

　　法向黑度定义为:材料在一定温度下沿法线方向的定向辐射强度与黑体在相同温度下沿法线方向的定向辐射强度的比值。根据这一定义,利用热辐射接收器(感受件)在相同条件下测定待测表面和标准体的法线方向热辐射并加以比较,即可得出法向黑度。

　　标准体是一圆筒状的人工黑体,可通恒温水控温(见图 8－17)。接收器是由多对热电偶串联而成的平面热电堆(见图 8－18)。测量装置如图 8－19 所示。

　　待测试样 1 用有螺纹的套盖及密封橡皮(未画出)固定在"样品盒"内,盒内通以恒温水。测量时,盒内的恒温水与人工黑体腔内的恒温水由同一恒温水浴供给,这样可以保证待测试样表面与人工黑体腔内表面温度相同。为使试样的温度均匀一致,"样品盒"与水冷管式光栅 3 之间装有热绝缘垫块 2。水冷光栅的直径较小,长度较长,能限制非法线方向射来的辐射能。接收器 7 布置有热电堆,上面有热电堆压块,热电堆的冷端用垫圈及固定螺环连接在底座 8 上。底座冷却水腔 8 及管式光栅冷水腔 5 中的冷水由同一恒温水浴供给。

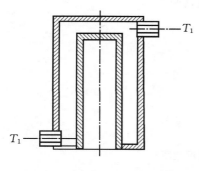

图 8－17　标准黑体结构示意图

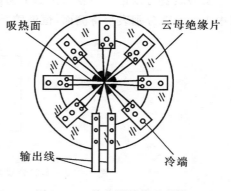

图 8－18　接收器结构示意图

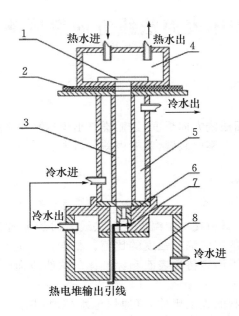

图 8-19　法向黑度测定实验装置简图

1—待测试样；2—绝热垫块；3—水冷管式光栅；4—试样加热腔；5—管式光栅冷水腔；
6—热电堆压块；7—接收器；8—底座冷却水腔

### 8.5.3　实验原理

实验装置可以近似地看作由 3 个物体组成的一个封闭系统，如图 8-20 所示，图中 1、2 及 3 分别表示待测面、恒温腔壁及接收器吸热面。

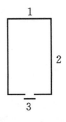

图 8-20　实验装置封闭系统原理图

假定 2、3 为黑体，利用能量"差额"法，可写出物体 3 的净辐射换热量为

$$\Phi_{\mathrm{net},3} = \Phi_{\mathrm{in},3} - \Phi_{\mathrm{eff},3}$$
$$= \varepsilon_1 E_{\mathrm{b}1} A_1 X_{13} + \rho_1 E_{\mathrm{b}2} A_2 X_{21} X_{13} + \rho_1 E_{\mathrm{b}3} A_3 X_{31} X_{13} + E_{\mathrm{b}2} A_2 X_{23} - E_{\mathrm{b}3} A_3$$

$$(8-28)$$

由于 $\rho_1 E_{\mathrm{b}3} A_3 X_{31} X_{13}$ 项很小，因此可以忽略不计。

式中: $\Phi$——热辐射能;

$A$——面积;

$X$——角系数;

$E_{\mathrm{b}}$——黑体辐射力;

$\varepsilon$——黑度;

$\rho$——反射率。

角标的意义为: net——净热辐射能; in——投射辐射能; eff——有效辐射能。

当 $T_1$ 及 $T_2$ 相差不大时，可认为表面 1 的反射率 $\rho_1 = 1 - \alpha_1 = 1 - \varepsilon_1$，式中 $\alpha_1$ 为表面 1 的吸收率。因此，上式可写成

$$\Phi_{\mathrm{net},3} = \varepsilon_1 E_{\mathrm{b}1} A_1 X_{13} + (1 - \varepsilon_1) E_{\mathrm{b}2} A_2 X_{21} X_{13} + E_{\mathrm{b}2} A_2 X_{23} - E_{\mathrm{b}3} A_3$$
$$= \varepsilon_1 E_{\mathrm{b}1} A_1 X_{13} + E_{\mathrm{b}2} A_2 X_{21} X_{13} - \varepsilon_1 E_{\mathrm{b}2} A_2 X_{21} X_{13} + E_{\mathrm{b}2} A_2 X_{23} - E_{\mathrm{b}3} A_3$$

$$(8-29)$$

利用角系数的相对性、完整性

$$A_i X_{ik} = A_k X_{ki} \qquad\qquad \sum_{k=1}^{n} X_{ik} = 1$$

可将式(8-29)化为

$$\Phi_{\mathrm{net},3} = \varepsilon_1 E_{\mathrm{b}1} A_1 X_{13} + E_{\mathrm{b}2} A_1 X_{12} X_{13} - \varepsilon_1 E_{\mathrm{b}2} A_1 X_{12} X_{13} + E_{\mathrm{b}2} A_3 X_{32} - E_{\mathrm{b}3} A_3$$
$$= \varepsilon_1 E_{\mathrm{b}1} A_1 X_{13} + E_{\mathrm{b}2} A_1 (1 - X_{13}) X_{13} - \varepsilon_1 E_{\mathrm{b}2} A_1 (1 - X_{13}) X_{13} + E_{\mathrm{b}2} A_3 X_{32} - E_{\mathrm{b}3} A_3$$

考虑到在测量装置中 $X_{13} \ll 1$，故可忽略二次项 $X_{13}^2$，得

$$\Phi_{\mathrm{net},3} = \varepsilon_1 E_{\mathrm{b}1} A_1 X_{13} + E_{\mathrm{b}2} A_1 X_{13} - \varepsilon_1 E_{\mathrm{b}2} A_1 X_{13} + E_{\mathrm{b}2} A_3 X_{32} - E_{\mathrm{b}3} A_3$$
$$= \varepsilon_1 A_1 X_{13} (E_{\mathrm{b}1} - E_{\mathrm{b}2}) + E_{\mathrm{b}2} A_3 (X_{31} + X_{32}) - E_{\mathrm{b}3} A_3$$
$$= \varepsilon_1 A_1 X_{13} (E_{\mathrm{b}1} - E_{\mathrm{b}2}) + A_3 (E_{\mathrm{b}2} - E_{\mathrm{b}3})$$
$$= \varepsilon_1 A_1 X_{13} \sigma_0 (T_1^4 - T_2^4) + \sigma_0 A_3 (T_2^4 - T_3^4)$$

$$(8-30)$$

式中: $\sigma_0$——黑体辐射常数。

$T_2$ 与 $T_3$ 之差是接收器吸热面与其冷端的温差 $\Delta T$，实践表明 $\Delta T \ll T_2$，故

$$T_3^4 - T_2^4 = (T_2 + \Delta T)^4 - T_2^4$$
$$= (T_2^4 + 4T_2^3 \Delta T + 6T_2^2 \Delta T^2 + \cdots) - T_2^4$$
$$\approx 4T_2^3 \Delta T$$

将上式代入式(8-30)

$$\Phi_{net,3} = \varepsilon_1 A_1 X_{13} \sigma_0 (T_1^4 - T_2^4) - 4\sigma_0 A_3 T_2^3 \Delta T \tag{8-31}$$

在稳态条件下,接收器吸热面 3 的净辐射热能必须与它的热损相等,即

$$\Phi_{net,3} = h\Delta T \tag{8-32}$$

将式(8-32)代入式(8-31),考虑到接收器的输出电势为 $\varnothing = K\Delta T (K$ 为比例常数),可得

$$\varnothing = \varepsilon_1 M (T_1^4 - T_2^4) \tag{8-33}$$

式中: $M = \dfrac{KA_1 X_{13} \sigma_0}{h + 4\sigma_0 A_3 T_2^3}$。

由于 $\Delta T$ 变化范围很小,故 $h$ 及 $K$ 为常数,同时通过恒温水浴保持 $T_2$ 为常数,由此 $M$ 是定值。

若在待测面 1 处放置一温度为 $T_1$ 的标准体(人工黑体),则接收器的输出电势将为

$$\varnothing_{st} = \varepsilon_{st} M (T_1^4 - T_2^4) \tag{8-34}$$

式中:角标 st 表示标准体。

由式(8-33)及式(8-34)可得

$$\varepsilon_1 = \frac{\varnothing}{\varnothing_{st}} \varepsilon_{st} \tag{8-35}$$

若认为人工黑体的黑度为 1,则

$$\varepsilon_1 = \frac{\varnothing}{\varnothing_{st}} \tag{8-36}$$

### 8.5.4 实验步骤

(1)打开冷、热恒温水浴开关,将恒温水加热到预定温度后保持不变并在装置中循环流动,将待测试样放置在水冷管光栏的热绝缘垫块上。

(2)将辐射接收器的输出引线接到 PZ158A 型直流数字电压表上,数字电压表的量程置于 200 mV 档。

(3)测定辐射接收器输出的电势值 $\varnothing$ 及热、冷恒温水浴的温度 $T_1$、$T_2$,并将数据记录在表 8-7 中,温度测量时以恒温水浴中的玻璃管温度计读数为准。

(4)将待测试样取下,换上人工黑体,待数字电压表显示的电势值稳定后,记下电势值 $\varnothing_{st}$ 及 $T_1$、$T_2$。

(5)再重复两次交替测量电势值 $\varnothing$、$\varnothing_{st}$,要求几次测量值偏差较小;同时,每次测定 $T_1$、$T_2$。

(6)将热恒温水浴的控制温度升高 5 ℃,放上人工黑体,待温度稳定(约 10 分

钟)后,测量辐射接收器输出的电势值$\varnothing_{st1}$及$T_1$、$T_2$。

根据三次的测量结果,计算$\varnothing$、$\varnothing_{st}$平均值,然后采用公式(8-36)求出法向黑度$\varepsilon_n$,并将结果填入表8-7中。

**表8-7 实验原始数据记录表**

| 实验工况 | 测量次数 | 人工黑体 | | | 待测试样 | | |
|---|---|---|---|---|---|---|---|
| | | $\varnothing_{st}/\mu V$ | $T_1/℃$ | $T_2/℃$ | $\varnothing/\mu V$ | $T_1/℃$ | $T_2/℃$ |
| I | 1 | | | | | | |
| | 2 | | | | | | |
| | 3 | | | | | | |
| | 平均值 | $\varnothing_{st}=$ (μV) $\varnothing=$ (μV) $T_1=$ (℃) $T_2=$ (℃) $\varepsilon_n=$ | | | | | |
| II | 1 | $\varnothing_{st1}=$ (μV) | $T_1=$ (℃) | | $T_2=$ (℃) | | |

## 8.5.5 误差分析

由于$\varepsilon_n=\dfrac{\varnothing}{\varnothing_{st}}\varepsilon_{st}$,因此$\varepsilon_n$的测量误差为

$$\Delta\varepsilon_n=\sqrt{\left(\frac{\partial\varepsilon_n}{\partial\varnothing}\right)^2\Delta\varnothing^2+\left(\frac{\partial\varepsilon_n}{\partial\varnothing_{st}}\right)^2\Delta\varnothing_{st}^2+\left(\frac{\partial\varepsilon_n}{\partial\varepsilon_{st}}\right)^2\Delta\varepsilon_{st}^2}$$

$$=\sqrt{\left[\frac{\varepsilon_{st}}{\varnothing_{st}}\right]^2\Delta\varnothing^2+\left[\frac{\varnothing\varepsilon_{st}}{\varnothing_{st}^2}\right]^2\Delta\varnothing_{st}^2+\left[\frac{\varnothing}{\varnothing_{st}}\right]^2\Delta\varepsilon_{st}^2} \tag{8-37}$$

式中:$\Delta\varepsilon_{st}$——所取人工黑体的有效黑度与其真实黑度的绝对差值;

$\Delta\varnothing_{st}=\Delta\varnothing_{st1}+\Delta\varnothing_{st2}$;

$\Delta\varnothing_{st1}$——测定人工黑体的热辐射能时,因人工黑体与待测试样温度不同而引起的误差;

$\Delta\varnothing_{st2}$——测定人工黑体的热辐射能时,由测量仪表引起的绝对误差;

$\Delta\varnothing$——测定待测试样的热辐射能时,由测量仪表引起的绝对误差。

现分别讨论如下。

(1)实验装置的圆筒状人工黑体的高径比为1.92,如设筒内壁$\varepsilon$为0.8,则根据理论计算知$\varepsilon_{st}$为0.972,即$\Delta\varepsilon_{st}$为0.028。

(2)待测试样和人工黑体虽然都采用温度为$T_1$的恒温水浴加热,但是很难保证其温度完全一致,假定温度相差1℃,则由实验测得的$\varnothing_{st}$、$\varnothing_{st1}$,可求得$\Delta\varnothing_{st1}$。

(3)测量仪表是PZ158A直流数字电压表,量程200 mV档,基本误差是"测量

读数$\times 0.005\% + 1.0(\mu V)$",据此可求得 $\triangle\varnothing_{st2}$ 和 $\triangle\varnothing$。

(4)将求得的各值代入式(8-37),即可得实验最大误差。

### 8.5.6　实验报告内容

(1)简要说明实验名称、目的、法向黑度定义及实验原理;

(2)实验数据记录表;

(3)根据三次测量的实验数据,计算法向黑度的平均值 $\varepsilon_n$;

(4)试分析,根据实验获得的法向黑度 $\varepsilon_n$ 值,能否认为法向黑度近似等于半球平均黑度 $\varepsilon$?

(5)进行实验测定结果误差分析。

### 8.5.7　思考题

(1)测定法向黑度有何实际意义?

(2)如果被测表面1的面积增大或减小,对测量精度有什么影响?

(3)通过误差分析,你认为哪一部分误差是主要的? 如何改进?

# 8.6  换热器综合实验

## 8.6.1  实验目的

(1)熟悉换热器性能的测试方法,了解影响换热器性能的因素;

(2)掌握间壁式换热器传热系数 $k$ 的测定方法;

(3)了解套管式换热器、列管式换热器和板式换热器的结构特点及其性能差异。

## 8.6.2  实验原理

本实验所用的换热器均是热量由热流体通过固体壁面传给冷流体的间壁式换热器。根据传热方程式的一般形式,换热器传热系数 $k$ 可由下式决定

$$k = \frac{\Phi}{A \Delta t_{\mathrm{m}}} \qquad (8-38)$$

式中:$\Phi$——冷、热流体交换的热量,W;

$A$——传热面积,本实验以内管的外径来计算,m²;

$\Delta t_{\mathrm{m}}$——对数平均温差,℃;不论顺流、逆流,对数平均温差的计算式均为

$$\Delta t_{\mathrm{m}} = \frac{\Delta t_{\max} - \Delta t_{\min}}{\ln \dfrac{\Delta t_{\max}}{\Delta t_{\min}}} \qquad (8-39)$$

冷、热流体交换的热量可根据如下热平衡方程式求得

$$\Phi = q_{\mathrm{m1}} c_1 (t'_1 - t''_1) = q_{\mathrm{m2}} c_2 (t''_2 - t'_2) \qquad (8-40)$$

由此可见,当已知换热面积 $A$,通过实验测出冷、热流体的进、出口温度及流量,就可以得出换热量 $\Phi$ 及对数平均温差 $\Delta t_{\mathrm{m}}$,再由式(8-38)即可求得传热系数 $k$。此外,在保持冷水流量不变的情况下,改变热水流量,可进行不同工况的实验测定,并进一步得出换热器传热系数与热水流量的关系特性曲线[22-23]。

## 8.6.3  实验装置

实验台安装有三种换热器(套管式、列管式、板式),通过冷、热流体进口端的闸

阀选择被测换热器,并设置有四只闸阀与冷流体管路连接控制顺流和逆流的切换。

实验装置原理图,如图 8-21 所示。热流体由热水箱中的电热器加热,其温度由操作面板上的温度控制器进行控制,通过热水泵送入换热器与冷流体换热后重新回到热水箱。冷流体(自来水)通过冷水泵送入换热器与热流体换热后排出。热流体的流量由电磁流量计测量,测量值通过多路万能信号输入巡检仪读取。冷流体的流量采用玻璃转子流量计测量。换热器进、出口均布置有 PT100 铂电阻温度计测量流体温度。换热器以及管道外均包有保温层,以尽量减少向外界的散热损失。

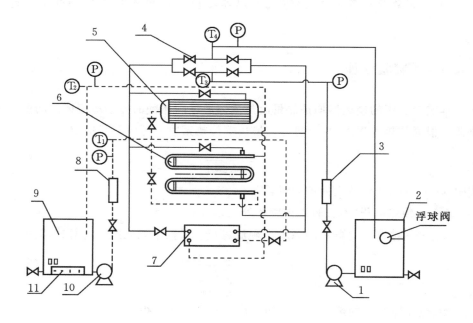

图 8-21　实验装置原理图

1—冷水泵;2—冷水箱;3—玻璃转子流量计;4—冷水顺、逆流阀门组;5—列管式换热器;
6—套管式换热器;7—板式换热器;8—电磁流量计;9—热水箱;10—热水泵;11—电加热器

操作面板如图 8-22 所示,面板上安装有电源、加热器和水泵的开关,温度控制器,温度、流量巡检仪,冷/热水切换阀。

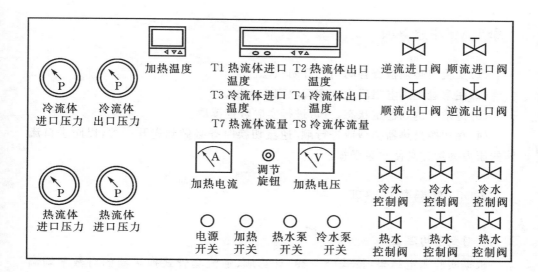

图 8 - 22　实验操作面板示意图

## 8.6.4　实验步骤

（1）向冷、热水箱加水，接通设备电源，打开加热开关，并将温度控温值设定在60℃（由指导老师完成）。

（2）打开其中一种换热器（由指导老师根据教学安排确定）的热水入口和冷水入口控制阀门，关闭其他两种换热器的热水入口和冷水入口控制阀门。

（3）启动冷水泵，通过冷水泵出口调节阀，将流量调节至160 L/h左右并保持不变。

（4）启动热水泵，通过热水泵出口调节阀，改变热水流量（5个工况，350、400、450、500、550 L/h左右）进行测量及计算。

（5）每个工况稳定运行后，重复记录三次，取平均值作为该工况的实验测定值，填入表8-9中，并现场计算实验工况的热平衡偏差，要求热平衡偏差在±5%左右。

（6）按以上操作步骤，分别进行顺/逆流实验，测读数据。

（7）将热水流量调节至300 L/h左右，并保持不变。依次进行另外两种换热器的顺/逆流实验测量。

（8）实验结束，先关闭电加热器，5分钟后关闭其他。

### 8.6.5　注意事项

(1)实验前必须检查各阀门的开闭状态。

(2)注意避免热电阻温度计套筒浸泡在水里。

(3)待系统达到稳定状态,方可进行实验数据读取。

(4)在切换换热器类型或进行顺/逆流切换时务必做到先开后关,以防进口流体的压力突然过高使水泵受损。

### 8.6.6　实验数据整理

**1. 对数平均温差**

根据实验测定结果,按式(8-39)计算顺、逆流套管式换热器的对数平均温差 $\Delta t_{\mathrm{m}}$。

**2. 换热量**

热水放热量　$\Phi_1 = q_{V1}\rho_1 c_{p1}(t'_1 - t''_1)$

冷水吸热量　$\Phi_2 = q_{V2}\rho_2 c_{p2}(t''_2 - t'_2)$

平均换热量　　$\Phi_{\mathrm{m}} = \dfrac{\Phi_1 + \Phi_2}{2}$

热平衡偏差　　$\delta = \dfrac{\Phi_1 - \Phi_2}{\Phi_{\mathrm{m}}} \times 100\%$

式中:$c_{p1}$、$c_{p2}$——热水、冷水的定压比热容(按热水、冷水的平均温度确定),J/(kg·K);

$\rho_1$、$\rho_2$——热水、冷水的密度(按平均温度确定),kg/m³;

$t'_1$、$t''_1$——热水的进、出口温度,℃;

$t'_2$、$t''_2$——冷水的进、出口温度,℃;

$q_{V1}$、$q_{V2}$——热水、冷水的流量,m³/s。

**3. 传热系数**

$$k = \frac{\Phi}{A\,\Delta t_{\mathrm{m}}}$$

式中:$A$——换热器换热面积(以内管外径计算),m²;

$\Delta t_{\mathrm{m}}$——对数平均温差。

**4. 绘制传热性能曲线**

以传热系数为纵坐标,热水流量为横坐标绘制出换热器的传热性能曲线。

5. 三种换热器主要结构参数

三种换热器主要结构参数如表8-8所示。

**表8-8 三种换热器结构参数表**

| 类型 | 套管换热器 | 列管换热器 | 板式换热器 |
|------|-----------|-----------|-----------|
| 结构参数<br>/mm | 内管：$\Phi16\times1.5$<br>外管：$\Phi32\times1.5$ | 内管：$\Phi10\times1$<br>外管：$\Phi98\times2$ | 板宽80，板间距0.03，<br>24层 |
| 换热面积/m² | 0.14 | 0.51 | 0.15 |

## 8.6.7 实验报告内容

(1)说明实验名称、目的和实验原理；

(2)实验原始数据记录表，如表8-9所示；

**表8-9 实验原始数据记录表**

| 类型 | 流向 | 热流体 | | | 冷流体 | | |
|------|------|--------|--------|--------|--------|--------|--------|
| | | 进口温度<br>$t'_1$/℃ | 出口温度<br>$t''_1$/℃ | 流量 $Q_1$<br>/L·h$^{-1}$ | 进口温度<br>$t'_2$/℃ | 出口温度<br>$t''_2$/℃ | 流量 $Q_2$<br>/L·h$^{-1}$ |
| | 顺流 | | | | | | |
| | | | | | | | |
| | | | | | | | |
| | 逆流 | | | | | | |
| | | | | | | | |
| | | | | | | | |
| | 顺流 | | | | | | |
| | 逆流 | | | | | | |
| | 顺流 | | | | | | |
| | 逆流 | | | | | | |

(3)根据各工况的测量数据,计算顺、逆流套管式换热器的对数平均温差,冷、热水侧换热量,各工况热平衡偏差和传热系数;

(4)绘制传热性能曲线;

(5)根据实验结果,分析换热器换热性能的影响因素。

### 8.6.8 思考题

(1)本实验中套管换热器是热水在内管中流动,如让冷水在内管中流动,热水在套管间流动,实验结果会有什么变化? 这个方案是否可行?

(2)本实验中如何保持冷水入口温度稳定? 还可以采用什么方案保证冷水箱的温度稳定?

(3)你还了解哪些换热器,它们的结构和性能有什么区别?

# 8.7 角系数的几何法测量

## 8.7.1 实验目的

测量微元面 $dA_1$ 对有限表面 $A_2$ 的角系数 $X_{d1,2}$。

## 8.7.2 实验原理

由传热学的基本知识可知,角系数的计算有四种方法:根据定义式的直接积分法、周线积分法、代数法和几何法。

本实验采用几何法直接测量角系数。根据角系数的定义,任一微元面积 $dA_1$ 对另一微元面积 $dA_2$ 的角系数可用下式表示

$$X_{d1,d2} = \frac{\cos\varphi_1 \cos\varphi_2}{\pi r^2} dA_2$$

如图 8-23 所示,上式可改写为

$$X_{d1,d2} = \frac{\cos\varphi_1 \, d\widetilde{A}_2}{\pi r^2}$$

式中:$d\widetilde{A}_2$——$dA_2$ 在垂直于 $r$ 方向的投影。

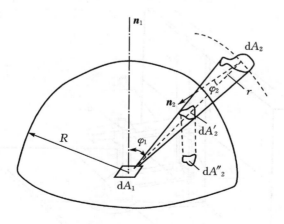

图 8-23 角系数 $X_{d1,d2}$ 测量原理

进一步可将上式表示为

$$X_{d1,d2} = \frac{\cos\varphi_1}{\pi r^2} \cdot \frac{r^2}{R^2} dA'_2 = \frac{\cos\varphi_1}{\pi R^2} dA'_2 = \frac{dA''_2}{\pi R^2} \qquad (8-41)$$

由式(8-41)可见,先从 $dA_1$ 的中心引出射向 $dA_2$ 周界的射线束,该射线束在半球壳上切割出面积 $dA'_2$,再将 $dA'_2$ 投影到 $dA_1$ 所在的平面上得投影面积 $dA''_2$。面积 $dA''_2$ 与圆面积 $\pi R^2$ 之比即为微元面 $dA_1$ 对 $dA_2$ 的角系数。

由于许多个微元面 $dA_2$ 之和便为一有限表面 $A_2$,而相应的许多个 $dA''_2$ 之和即为 $A''_2$,因而 $dA_1$ 对 $A_2$ 的角系数也可采用相同的方法求得。即

$$X_{d1,2} = \frac{A''_2}{\pi R^2} \qquad (8-42)$$

若需计算有限表面 $A_1$ 对 $A_2$ 的角系数 $X_{1,2}$,则可将 $A_1$ 分解为许多微元面 $d_{1i}$,所有微元面积之和便是 $A_1$,因而 $A_1$ 对 $A_2$ 的角系数 $X_{1,2}$ 可使用下列数值积分法求得

$$X_{1,2} = \frac{1}{A_1}\int_{A_1} X_{d1,2} dA = \frac{1}{A_1}\sum_{i=1}^{n} X_{d1i,2} dA_{1i} \qquad (8-43)$$

本测量仪依据式(8-42)实现角系数的测量。由式(8-42)可见,对于一个具体问题,如果能测出 $A''_2$ 和 $R$,就可以确定角系数。本实验的测量仪通过机械方法实现了这一测量过程。如图8-24所示,镜筒置于 $dA_1$ 处且可以自由旋转。镜筒上有一滑杆,沿着 $A_2$ 的轮廓线移动滑杆,即可将 $A_2$ 相对应于图8-23所示的 $dA''_2$ 直接投影到 $A_1$ 平面上成为 $A''_2$(对应于 $dA''_2$),当滑杆平行放置(如图中的情形)时,还可测出图8-23中的 $R$。获得上述各值后,便可很容易地根据式(8-42)计算出此时的角系数 $X_{d1,2}$。

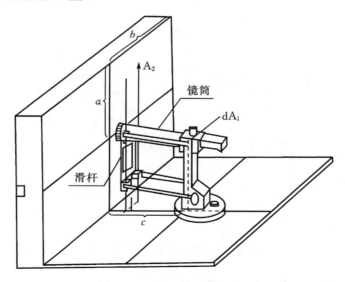

图 8-24　角系数测量装置

### 8.7.3 实验装置

本实验测量仪的结构如图 8-25 所示,包括立柱、镜筒、平行连杆、滑杆、记录笔及平衡块等。高度角和方位角的传动机构主要由齿轮组成,高度角传动机构还装有锁紧装置,可使镜筒固定在任何位置上。其主要性能指标为:高度角 $0°\sim75°$;方位角 $0°\sim360°$;测量误差 5%。

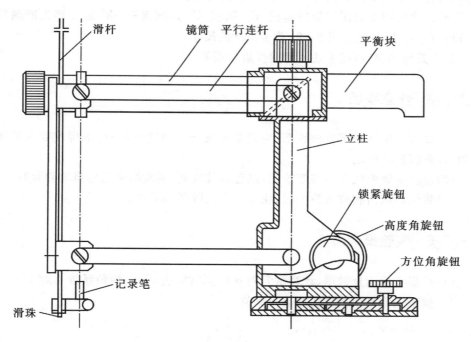

图 8-25  角系数测量仪结构图

### 8.7.4 实验步骤

(1)将仪器盖板卸下,水平放置在桌上(有定位铜圈的一面朝上),并在盖板上贴上白纸,纸中间开一圆孔,以使定位铜圈露出纸面,然后将仪器放稳在定位铜圈上。

(2)将仪器箱体紧靠盖板垂直放置,箱体底部的矩形图形就是给定的测量对象 $A_2$。

（3）将镜筒放到水平位置（即连杆放到最低位置），锁紧连杆，放下记录笔，旋转立杆，在记录纸上画出一圈。

（4）将记录笔抬起，放松锁紧旋钮，调整方位角和高度角，瞄准被测表面的轮廓线（镜筒中圆孔中心、十字中心及被测点连成一线）进行操作练习，当锁紧旋钮处于放松状态时，可以用手直接握住黑色平衡块对目标进行扫描。

（5）待操作熟练后，放下记录笔，仔细操作高度角和方位角，扫描被测表面轮廓一周，使记录笔在纸上画出封闭图形，然后抬起笔。

（6）测出纸面上封闭图形的面积 $A''_2$，面积 $A''_2$ 与圆面积 $\pi R^2$ 之比即为所测的角系数 $X_{d1,2}$。同时测出图 8-24 中 $a$、$b$、$c$ 的尺寸。

对于其他表面，可按上述步骤同样进行测量。

## 8.7.5  注意事项

（1）锁紧旋钮常处于放松状态，当锁紧旋钮处于锁紧状态时，不得改变仪器高度角，否则将损坏齿轮。

（2）每次画完曲线立即将笔抬起，以免弄脏纸面，实验结束后应将笔套套好。

（3）将仪器取出和放入箱中时，注意别碰到滑杆和滑珠。

## 8.7.6  实验报告内容

（1）根据实验测量数据，计算微元面 $dA_1$ 对有限表面 $A_2$ 的角系数 $X_{d1,2}$；

（2）按下式计算角系数的理论计算值

$$X_{d1,2} = \frac{1}{2\pi}\left(\arctan\frac{1}{Y} - \frac{Y}{\sqrt{X^2+Y^2}}\arctan\frac{1}{\sqrt{X^2+Y^2}}\right)$$

式中：$X = \dfrac{a}{b}$，$Y = \dfrac{c}{b}$。

（3）将实验结果与理论计算值进行比较。

# 第 9 章 《传热学》数值计算习题

1.有一个用砖砌成的长方形截面的冷空气通道,其截面尺寸如图 9-1 所示,假设在垂直于纸面方向上冷空气及砖墙的温度变化很小,可以近似地予以忽略。在下列两种情况下试计算:(1) 砖墙横截面上的温度分布;(2) 垂直于纸面方向的每米长度上通过砖墙的导热量。

第一种情况:内、外壁温度均匀,分别维持在 0 ℃ 及 30 ℃;

第二种情况:内、外表面均为第三类边界条件,且已知:$t_{\infty 1} = 30$ ℃,$h_1 = 10.6$ W/(m² · K),$t_{\infty 2} = 10$ ℃,$h_1 = 3.975$ W/(m² · K),砖墙的导热系数 $\lambda = 0.53$ W/(m² · K)。

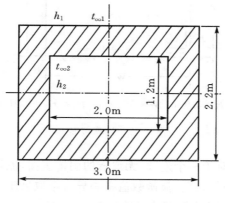

图 9-1　通道截面尺寸

**提示与建议:**

网络节点的划分与《传热学实验指导书》中"二维导热物体温度场的电模拟实验"的划分相一致,且 $h_1$、$h_2$ 以实验设备上标明的值为依据,便于数值计算结果与模拟实验之值相比较。

2.有一空调房间采用上面送风、下面出风的气流组织方式,取出一个截面进行二维流动研究,如图 9-2 所示。假设流动可以按势流处理,进出风口处流速均匀,$u_{in} = u_{out} = 2$ m/s,流体密度是常数。试计算截面上的速度分布及流函数。

**提示与建议：**

（1）流函数控制方程及边界条件。

对二维不可压缩流体稳定势流，流函数与势函数均满足 Laplace 方程。记流函数为 $\psi(x,y)$，则按定义有

$$u=\frac{\partial \psi}{\partial y} \qquad v=-\frac{\partial \psi}{\partial x}$$

其中，$u$、$v$ 分别为 $x$、$y$ 方向的速度分量。$\psi(x,y)$ 满足

$$\frac{\partial^2 \psi}{\partial x^2}+\frac{\partial^2 \psi}{\partial y^2}=0$$

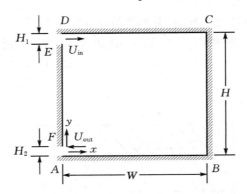

$$H=3.0 \text{ m} \quad W=3.75 \text{ m} \quad H_1=H_2=0.15 \text{ m}$$

图 9-2　计算截面

按流函数的定义，对于一个连续、无渗透的固体表面，流函数为常数；而对两个不相连接的无渗透的固体表面，流函数值必相异。今取 $AB$-$BC$-$CD$ 边的流函数为总流量（$u_{in}$，$H_1$），则 $EF$ 边界上流函数为零。

（2）数值求解方法建议。

取 $\Delta x = \Delta y = 0.15$ m，则 $A$、$F$、$E$、$D$ 四点正好位于四条网格线上。这样上述势流问题相当于一个第一类边界条件的二维、稳态、常物性、无内热源的导热问题。采用 Gauss 迭代法解出 $\psi(i,j)$ 后，可按定义计算各节点上的 $u(i,j)$ 与 $v(i,j)$。采用中心差分时，有

$$u(i,j)=\frac{\psi(i,j+1)-\psi(i,j-1)}{2\Delta y}$$

$$v(i,j)=\frac{\psi(i+1,j)-\psi(i-1,j)}{2\Delta x}$$

画等流函数图时，在 $\psi=0$ 与 $\psi=0.3$（m³/s，垂直于纸面方向取单位厚度）之间取 5 个中间值，即 $0.05$、$0.1$、$0.15$、$0.2$ 及 $0.25$，绘制 5 条等流函数线。

有关流体力学的知识请参阅《流体力学》§8-1、§8-2（张鸣远编著，高等教育出版社，2010）。

3. 设在如图 9-3 所示的长方形截面的通道中，存在空气充分发展的层流流动。试用数值计算方法确定截面上主流方向速度 $w$ 的分布规律并计算 $f \cdot Re$ 之值，$f$ 为阻力系数，取 $a/b=1$ 及 $a/b=1/2$ 两种情形。

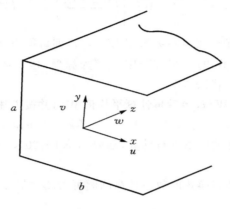

图 9-3　长方形通道

**提示与建议：**

(1) 控制方程与边界条件。

$z$ 方向的动量方程为

$$\rho\left(u\frac{\partial w}{\partial x}+v\frac{\partial w}{\partial y}+w\frac{\partial w}{\partial z}\right)=-\frac{\partial p}{\partial z}+\mu\left(\frac{\partial^2 w}{\partial x^2}+\frac{\partial^2 w}{\partial y^2}+\frac{\partial^2 w}{\partial z^2}\right)$$

对于充分发展流动，有 $u=v=0$，$\dfrac{\partial w}{\partial z}=0$，且在同一截面上压力 $p$ 可视为常数，于是上式简化为

$$\mu\left(\frac{\partial^2 w}{\partial x^2}+\frac{\partial^2 w}{\partial y^2}\right)=\frac{\mathrm{d}p}{\mathrm{d}z}$$

在充分发展区 $\mathrm{d}p/\mathrm{d}z$ 为常数，因此可定义无量纲速度

$$W=\frac{\mu w}{-a^2\dfrac{\mathrm{d}p}{\mathrm{d}z}}$$

同时定义 $X=x/a$，$Y=y/a$，于是控制方程化为

$$\frac{\partial^2 W}{\partial X^2}+\frac{\partial^2 W}{\partial Y^2}+1=0$$

在四条固体边界上 $W=0$。如利用对称性取四分之一区域进行计算，则在对称线

上速度的法向导数为零。由此可见,这一问题相当于求解一个具有第一类边界条件,或第一、二类混合边界条件(对于四分之一计算区域)的二维、稳态、常物性、有内热源的导热问题。

$f \cdot Re$ 之值可按定义计算

$$f \cdot Re = \left[ \frac{-D_e \dfrac{\mathrm{d}p/\mathrm{d}z}{\rho \dfrac{W_m^2}{2}}}{} \right] \left( \frac{W_m \cdot D_e}{v} \right) = \frac{2}{W_m} \left( \frac{D_e}{a} \right)^2$$

式中:$W_m$ 为截面平均值。可见只要解出 $W(i,j)$,即可得出 $f \cdot Re$。

(2)在无量纲速度 $W$ 的控制方程中,“1”为源项,建立离散方程时切勿遗忘。离散方程可用 Gauss 迭代法求解。

(3)在获得收敛的 $W(i,j)$ 后再计算平均值 $W_m$,并按上述公式计算 $f \cdot Re$。

(4)$f \cdot Re$ 的标准答案为:$a/b = 1$ 时,$f \cdot Re = 56.9$;$a/b = 1/2$ 时,$f \cdot Re = 62.2$。可取不同疏密度的网格进行计算,如取 $10 \times 10, 20 \times 20$ 等,并比较网格疏密度对 $f \cdot Re$ 的影响。

有关充分发展流动与换热的数值计算问题可参阅文献[24]。

# 参考文献

[1] Eckert E R G,Goldstein R J. Measurment in Hest Transfer[M]. 2nd Edition. Washington:Hemisphere Pub. Corp,1976.

[2] 奥西波娃. 传热学实验研究[M]. 蒋章焰,王传烷,译. 北京:高等教育出版社,1982.

[3] 叶大钧. 热力机械测试技术[M]. 北京:机械工业出版社,1983.

[4] Holman J P. Experimental Methods for Engineers[M]. 2nd Edition. McGraw-Hill Sciencel Engineering/Math,1978.

[5] Sedanard Machzuki, Yashinao Yagi. Heat Transfer-Japanese Research[J]. 1977,6(3):36-59.

[6] Holman J P. Heat Transfer[M]. 5th Edtion. McGraw-Hill Internation Bock Company,1981.

[7] Isachenko V P, Osipova V A, Sakomel A S. Heat Transfer[M]. Moscow:Mir Publishers,1977.

[8] 杨世铭. 热电偶导热在壁面温度测量中所引起的误差[J]. 西安交通大学学报,1963(3):87-102.

[9] 陶文铨. 传热学基础[M]. 北京:电力工业出版社,1981.

[10] 严钟豪,谭祖根. 非电量电测技术[M]. 北京:机械工业出版社,1983.

[11] 国家质量技术监督局. JJF 1059—1999. 测量不确定度评定与表示[S]. 北京:中国标准出版社,2008.

[12] Todd J P, Ellis H R. Applied Heat Transfer[M]. Pem Well Books Tulsa, OK,1982.

[13] 杨世铭,陶文铨. 传热学[M]. 4 版. 北京:高等教育出版社,2006.

[14] Shah R H. Advances in Compact Heat Exchanger Technology and Design Theory[C]. Proceeding of The 7th International Heat Transfer Conference,1982.

[15] Jakob M. Heat Transfer,Vol. 1[M]. 1953.

[16] 葛新石. 金属及涂层法向热发射率的测定与检验[J]. 工程热物理学报,1987(04):395-400.

[17] 张惠华,王允中,陶文铨. 强制对流换热萘升华模拟研究[J]. 工程热物理学报,1985,6(1):49-55.

[18] 清华大学. 空气调节[M]. 北京:中国建筑工业出版社,1986.

［19］潘文全.工程流体力学［M］.北京:清华大学出版社,1988.

［20］米德忠.热物理激光测试技术［M］.北京:科学出版社,1990.

［21］束继祖.差分干涉仪及在传热学研究中的应用［J］.工程热物理学报,1987 (04):395-400.

［22］谢公南,王秋旺.管壳式换热器壳侧传热与阻力性能的实验研究与预测［J］. 中国电机工程学报,2006,26(21):104-108.

［23］王良.螺旋折流板换热器传热与阻力性能的实验研究［D］.西安:西安交通大 学,2001.

［24］陶文铨.计算流体力学与传热学［M］.北京:中国建筑工业出版社,1991.